U0296854

编审委员会

高职高专规划教材

水污染治理技术

———— 王文祥　李慧颖　主编 ————

化学工业出版社

·北　京·

本书通过对环境工程技术等专业所对应岗位工作性质和职业能力的要求进行分析，构建具有专业性、综合性和实用性的教材内容。全书共 8 个项目，从水质分析与判别开始，讲述了城镇生活污水处理、工业废水处理、农村生活污水处理典型工艺、水的深度处理和污泥处理处置等内容，通过对大量工程实例的逐步讲解，使读者能够轻松掌握相关知识点和技能点。本书颇具特色之处是改变了以知识能力点为体系的框架，按照污水的分类和水污染治理技术操作单元进行编排，将更多的内容重点放在实用设计方法、设计技能以及设计过程的阐述。

本书可作为高职高专环境类专业的教材，也可作为成人大专环境类专业自学考试及污水处理工考证培训教材，并可供环境保护及相关专业科技人员参考。

图书在版编目（CIP）数据

水污染治理技术/王文祥，李慧颖主编. —北京：
化学工业出版社，2019.10（2023.10重印）
高职高专规划教材
ISBN 978-7-122-34982-8

Ⅰ.①水… Ⅱ.①王…②李… Ⅲ.①水污染防治-
高等职业教育-教材 Ⅳ.①X52

中国版本图书馆 CIP 数据核字（2019）第 165551 号

责任编辑：王文峡 李瑾
责任校对：宋 玮 装帧设计：史利平

出版发行：化学工业出版社（北京市东城区青年湖南街 13 号 邮政编码 100011）
印 装：北京建宏印刷有限公司
787mm×1092mm 1/16 印张 12¼ 字数 298 千字 2023 年 10 月北京第 1 版第 4 次印刷

购书咨询：010-64518888 售后服务：010-64518899
网 址：http://www.cip.com.cn
凡购买本书，如有缺损质量问题，本社销售中心负责调换。

定 价：39.00 元

前言

通过前期调研，目前市场已有多种水污染治理相关的教材，但大部分教材侧重培养学生对理论知识的理解，教材体系按照污水处理的方法来编排，与学生岗位技能需求脱节，较少有按照污水类型来编排的教材。因此，有必要编写一本贴近实际岗位需求，注重反映水污染治理新技术、新工艺和新方法的教材。本教材编写思路及创新点如下：

(一)在内容编排上，通过对环境工程技术等专业所对应岗位工作性质和职业能力要求进行分析，课程组选取"水质分析与判别""城镇生活污水处理典型工艺设计与运行管理""工业废水处理典型工艺设计与运行管理"等项目为载体，强化学生工艺设计与运行管理的能力，引入实际工程案例，重视工程的实用性和可操作性，旨在培养学生的专业素质和专业综合应用能力。

(二)改变了以知识能力点为体系的框架，按照污水的分类和水污染治理技术操作单元进行编排，在教材中以学生的兴趣点，及工作岗位上需要解决的问题为主题设计任务，从而增加了教材的实用性，能够激发学生的兴趣，有利于提升学生主动学习的能力。

(三)本教材重点分析污水处理工艺、参数及运行注意事项，通过案例分析、方案设计、操作要求讲解和实训等方法将水处理工艺以看、做、练的形式实施，让学生体会污水处理原理与运营过程。

本书由广东环境保护工程职业学院王文祥、李慧颖主编。共8个项目，参加编写人员及分工编写内容如下：王文祥（编写项目一、项目二部分内容）、李慧颖（编写项目五、项目六、项目七部分内容）、朱月琪（编写项目四部分内容本书工程案例）、夏志新（编写项目三部分内容）、彭丽花（编写项目一部分内容）、李宝花（编写项目三、项目四部分内容）、刘莹（编写项目一、项目八部分内容）、钟高辉（编写项目六实训项目）、陈建军（编写项目八部分内容）、区雪连（编写项目五实训项目）。

本书在编写过程中，得到了很多专家、工程技术人员以及兄弟院校老师的支持与帮助。广州市金龙峰环保设备工程股份有限公司石云峰提供了大量的工程案例，广东省环境科学研究院王刚、广州中大环境治理工程有限公司肖晶、广东轻工职业技术学院秦文淑、广东职业技术学院吴志敏、顺德职业技术学院路风辉、广东新大禹环境工程有限公司区尧万对本书编写大纲及部分章节内容进行了认真审阅与修改，在此表示衷心感谢！同时本书编写过程中参阅了大量的书籍文献资料，在此向这些作者表示诚挚的谢意！

感谢您选择了本书，由于编者水平有限，书中疏漏之处在所难免，欢迎对本书提出意见和建议。电子邮箱地址：wwxiang110@163.com，谢谢！

编者

2019 年 6 月

目 录

项目四　农村生活污水处理工艺设计与运行操作　　76

项目五　水的深度处理(中水回用)工艺设计与运行操作　　85

项目六　污泥的处理与处置　　105

项目七　黑臭水体治理技术　　136

项目八　水处理设备与控制　　149

项目一 水质分析与判别

学习目标

了解水的基础知识、水污染特性与水质标准、水的污染程度判别；熟悉水的取样、常规指标检测方法等。

任务分析

通过对水、水污染和水质标准的认识，选取典型水样完成取样和分析检测并通过检测结果判别水质质量，掌握鉴定水的污染程度判别的技能。

了解历年中国和各省环境质量状况公报，了解如何利用生态环境保护部网站和各省环保厅网站查询相关质量标准及污染物排放标准等。

1.1 水的基础知识

1.1.1 水资源

地球有水资源 139 万亿立方米，但其中 97.3% 是海水，能直接被人们生产和生活利用的水少得可怜。首先，占水资源比例最高的海水又咸又苦，无法饮用，且不能浇地，也难以用于工业。其次，仅占地球总水量的 2.5% 的淡水资源中，又有 70% 以上被冻结在南极和北极的冰盖中，再加上高山冰川和永冻积雪，有 87% 的淡水资源难以利用。表 1-1 列出了地球上淡水资源的分布比例。人类真正能够利用的淡水资源只有江河湖泊和地下水中的一部分，约占地球总水量的 0.26%。

21 世纪水资源正在变成一种宝贵的稀缺资源，水资源问题已不仅是资源问题，更成为关系到国家经济、社会可持续发展和长治久安的重大战略问题。全球淡水资源短缺且地区分布极不平衡。按地区分布，巴西、俄罗斯、加拿大、中国、美国、印度尼西亚、印度、哥伦比亚和刚果 9 个国家的淡水资源占了世界淡水资源的 60%。约占世界人口总数 40% 的 80 个国家和地区严重缺水。目前，全球 80 多个国家的约 15 亿人口面临淡水不足，其中 26 个国家的 3 亿人口完全生活在缺水状态。预计到 2025 年，全世界将有 30 亿人口缺水，涉及的国家和地区达 40 多个。

表 1-1 地球上淡水资源的分布

水源	所占百分比/%
冰盖、冰川和永久积雪	68.7

水源	所占百分比/%
地下水	30.1
地下冰和永久冻土	0.86
湖泊	0.26
大气层	0.04
淡水湿地(沼泽)	0.03
河流	0.006
生物体内水	0.003

注：由于四舍五入，所以这些淡水分布百分比的总和略小于100%。

中国水资源总量为2.8万亿立方米。其中地下水0.83万亿立方米，地表水2.7万亿立方米，由于地表水与地下水相互转换、互为补给，扣除两者重复计算量0.73万亿立方米，与河川径流不重复的地下水资源量约为0.1万亿立方米。按照国际公认的标准，人均水资源低于3000m³为轻度缺水；人均水资源低于2000m³为中度缺水；人均水资源低于1000m³为重度缺水；人均水资源低于500m³为极度缺水。中国目前有16个省（区、市）人均水资源量低于严重缺水线，宁夏、河北、山东、河南、山西、江苏省人均水资源量低于500m³。

中国水资源的主要特点是：①总量并不丰富，人均占有量更低。总量居世界第六位，人均占有量为2240m³，约为世界人均的1/4，在世界银行连续统计的153个国家中居第88位。②地区分布不均，水土资源不相匹配。淮河流域及其以北地区的国土面积占全国的63.5%，其水资源量仅占全国水资源总量19%。长江流域及其以南地区国土面积只占全国的36.5%，其水资源量占全国的81%。③年内年际分配不均，旱涝灾害频繁。大部分地区年内连续四个月降水量占全年的70%以上，连续丰水或连续枯水年较为常见。

1.1.2 水分子结构

氢原子和氧原子以一种独特的结构结合形成水。氢原子是最小、最简单的原子：一个电子绕一个质子做轨道运动。氧原子由8个质子和8个绕轨道运行的电子组成：2个处于内电子层，6个在外电子层。因为氧原子的外电子层需要8个电子才能达到饱和，所以需要得到2个电子。氢原子有1个电子，或者额外得到1个电子使外电子层饱和，或者失去电子使外电子层为空。2个氢原子和1个氧原子共享它们的单电子形成水（H_2O），而共价键使水的键能很强。水能分解成一个氢离子和一个氢氧根离子。

水是极性分子，水分子间由氢键松散地结合在一起。这些键对液态水和固态水的结构影响很大。当水结成冰时，分子从开放的结构变成六边环状结构。环的开放空间结构使得固态的冰不如冰冷的液态水结构紧凑，液态水分子由氢键紧密压缩在一起。事实上，水在冰点以上，即在4℃时密度最大；水是唯一一种液体密度比固体密度大的物质。当天气变冷的时候，是冰冷的液态水而非固态的冰沉到池塘底部，这非常重要，因为这意味着湖泊在冬天很低的气温下不会冻结成固体，从而使得鱼和其他生物能生存下来。氢键使液态的水分子在池塘表面的结合很脆弱。水分子结合形成易碎但极具弹力的膜使小昆虫能在上面行走。

水的极性使它能成为很好的溶剂。固体、液体和气体在水中的溶解性一般比在其他液体中的溶解性更高。如果将由阳离子钠和阴离子氯组成的结晶盐氯化钠（NaCl）放到水中，盐会溶解。水分子中的阳性部分会被结晶盐的氯离子吸引，并将它们围住。同样，水分子中的阴性部分会围绕结晶盐的钠离子。除非将水蒸发，否则这些离子不会再变回原来的物质，而盐会始终溶解在水中。

1.2 水污染特性

水污染是指排入水体的污染物在数量上超过该物质在水体中的本底含量和水体的自净能力，从而导致水体的物理、化学性质发生变化，使水体的生态系统和水体功能受到破坏。

造成水体污染的因素是多方面的，向水体排放超过其自净承载能力的未达标的城市污水和工业废水、含有化肥和农药的农业排水、含有地面污染物的暴雨初期径流、随大气扩散的有毒有害物质通过重力沉降或降水过程进入水体等，都会对水体造成污染。

根据污染物的性质，水体的污染可分为以下几类。

1.2.1 物理性污染

水体的物理性污染，是指水体遭受污染后，水的颜色、浊度、温度、悬浮固体、泡沫等发生变化。这类污染最易被人们感官所觉察。

（1）感观污染

水体呈现颜色、恶臭、浑浊、泡沫等现象能引起人们感观上的不快，对于供游览或文体活动的水体而言，危害更甚。相应的水质指标有以下几种。

①色度：带有金属化合物或有机化合物（如有机染料）等有色污染物的污水呈现各种颜色，会增加水体色度，将有色污水用蒸馏水稀释后与参比水样对比，一直稀释到两水样色差一样，此时污水的稀释倍数即为其色度。

②臭和味：天然水是无臭无味的，水的臭味来源于还原性硫和氮的化合物、挥发性有机物和氯气等污染物质。此外，水中的不同盐分也会给水带来不同的异味，如氯化钠带咸味、硫酸镁带苦味、铁盐带涩味等。臭和味可定性反映某种污染物的多寡。

③浊度：浊度超过10度时便令人不快。胶体态及悬浮态有机物是造成水体浑浊的主要原因。而且病菌、病毒以及其他有害物质，往往依附于形成浊度的悬浮固体中。因此降低浊度，不仅是为满足感官性状的要求，对限制水中病菌病毒及其他有害物质的含量，也具有非常积极的意义。

（2）热污染

许多工业废水都有较高的温度，尤其是工业冷却水，这些废水排入水体后会使水体的温度升高，引起热污染，反映热污染的水质指标是温度。氧气在水中的溶解度随水温升高而减少。一方面会使水中溶解氧减少，另一方面会加速耗氧反应，从而影响水生生物的生存和对水资源的利用，加速水体的富营养化进程。此外，高温还会影响水的使用功能。

（3）悬浮固体污染

各类废水中均含有杂质，杂质分无机物和有机物两大类。物质在水中有三种分散状态：溶解态（直径小于1nm）、胶体态（直径1～100nm）、悬浮态（直径大于100nm）。水中所有残渣的总和称为总固体（total solid，TS），包括溶解固体（dissolved solid，DS）和悬浮固体（suspended solid，SS）。能透过滤膜或滤纸（孔径约3～10μm）的为溶解固体（DS），溶解固体表示水中盐类的含量；不能透过的为悬浮固体（SS），悬浮固体表示水中不溶解的固态物质的量。

悬浮固体是废水的一项重要水质指标，排入水体后会在很大程度上影响水体外观，除了会增加水体的浑浊度，妨碍水中植物的光合作用，对水生生物生长不利外，还会造成管渠和抽水设备的堵塞、淤积和磨损等。此外，悬浮固体还有吸附凝聚重金属及有毒物质的能力。

（4）油类污染

油类污染物经常覆盖于水面，形成油膜，隔绝大气与水的接触，破坏水体的复氧条件，从而降低水体的自净能力；它还能附着于土壤颗粒表面和动植物体表，影响养分的吸收和废物的排出；当水中含油量达到 0.01～0.10mg/L 时，对鱼类和水生生物就会产生影响，尤其对幼鱼和鱼卵的危害最大；水中含油量达到 0.3～0.5mg/L 时，水体就会产生石油气味，还能使其中的水产品如虾类产生石油臭味，降低水产品的食用价值；当油类污染物进入海洋时，就会改变海面的反射率和减少进入海洋表层的日光辐射，对局部地区的水文气象条件产生影响。

油类污染物有石油类和动植物油脂两种。工业含油废水所含的油大多为石油或其组分，含动植物油的污水主要产生于人的生活过程和食品工业，它们均难溶于水，其中粒径较大的分散油易聚集成片，漂浮于水面；粒径 100～10000nm 的微小油珠易被表面活性剂和疏水固体所包围，形成乳化油，稳定地悬浮于水中。

1.2.2 无机物污染

（1）酸碱污染

酸碱污染主要由进入废水的无机酸碱，以及酸雨的降落形成。矿山工程排水、黏胶纤维工业废水、钢铁厂酸洗废水及染料工业废水等，常含有较多的酸，碱性废水则主要来自造纸、炼油、制革、制碱等工业。水样的酸碱性在水质标准中以 pH 来反映，pH<7 呈酸性，pH>7 呈碱性。一般要求处理后污水的 pH 为 6～9。天然水体的 pH 一般为 6～9，受到酸碱污染会使水体的 pH 发生变化。酸性废水的危害主要表现在对金属及混凝土、结构材料的腐蚀上，碱性废水易产生泡沫，使土壤盐碱化。各类动植物和微生物都有各自适应的 pH 范围，当 pH 超过适应范围时就会抑制细菌和其他微生物的生长，影响水体的生物自净作用，使水质恶化、土壤酸化或盐碱化，破坏生态平衡。对渔业水体而言，pH 不得低于 6 或高于 9，当 pH 为 5.5 时，一些鱼类就不能生存或生殖率下降。pH 不在 6～9 范围内的水体不适于作为饮用水和工农业用水。

（2）无机毒物污染

废水中能对生物引起毒性反应的化学物质，称为毒性污染物，简称毒物。工业上使用的有毒化学物质已超过 10000 种，因而已成为人们最关注的污染类别。

毒物对生物的效应有急性中毒和慢性中毒两种。急性中毒的初期效应十分明显，严重时会导致死亡；慢件中毒的初期效应虽然很不明显，但其经过长期积累能致突变、致畸、致癌。大多数毒物的毒性与浓度和作用时间有关，浓度越大、作用时间越长，致毒后果就会越严重。此外，毒物反应与环境条件（温度、pH、溶解氧浓度等）和有机体的种类及健康状况等因素也有一定的关系。

毒物是重要的水质指标，各种水质标准中对主要的毒物都规定了限值。

废水中的无机毒物分为金属和非金属两类。

① 金属毒物污染。重金属是构成地壳的物质，在自然界分布非常广泛，并且在自然环

境的各部分均存在着本底含量。在正常的天然水中重金属的含量一般都很低，例如，汞的浓度小于0.001mg/L，六价铬浓度小于0.1mg/L，在河流和淡水湖中铜的浓度小于1mg/L、铅小于0.1mg/L、镉小于0.01mg/L，一般不会对生物体造成危害。重金属在排入天然水体后不会减少或消失，却可能通过沉淀、吸附及食物链而不断富集，从而达到对生态环境及人体健康有害的浓度。

重金属在人类的生产和生活方面有着广泛的应用，从而在环境中存在着各种各样的重金属污染源。采矿和冶炼是向环境中释放重金属的最主要污染源，此外，电镀工业、冶金工业、化学工业等排放的废水中也往往含有各种重金属。这些污染都属于点源，因而常常会在局部地区造成很严重的污染后果。

金属毒物主要为重金属，主要指汞、铬、镉、铅、镍等生物毒性显著的元素，也包括具有一定毒害性的一般重金属，如锌、铜、钴、锡等。

毒性在重金属以离子态存在时最严重，故通常又称为重金属离子毒物；它不能被生物降解，有时还可能被转化为毒性更强的物质；其在生物体内有富集作用，故对生物和人体均存在毒害作用。

轻金属中，铍是一种重要的毒物。铍中毒后会导致结膜炎和肺部疾病。

② 非金属毒物污染。常见的非金属毒物有砷、硒、氰、氟、硫（S^{2-}）、亚硝酸根离子（NO_2^-）等。氰中毒时能引起细胞窒息、组织缺氧、脑部受损等，最终还可能因为呼吸中枢麻痹而导致死亡；砷中毒能引起神经紊乱，诱发皮肤癌等；硫中毒则会引起呼吸麻痹和昏迷；亚硝酸盐在人体内会与仲胺生成亚硝胺，从而具有强烈的致癌作用；硒中毒能引起皮炎、嗅觉失灵、婴儿畸变等；氟对植物的危害最大，可以使其致死。

必须指出的是：许多毒物元素，往往又是生物体所必需的微量元素，只是在超过一定限值时才会致毒。

1.2.3　有机物污染

（1）有机型污染

大多数有机物被水体中的微生物吸收利用时，要消耗水中的溶解氧。溶解氧降低到一定程度后，水中的生物（如鱼类）就无法生活。溶解氧耗尽后，水中有机物就会腐败，致使水体发臭变黑，恶化环境。这种由于废水中的有机物而引起的水体污染，称为耗氧有机物污染，或有机型污染。能通过生化作用而消耗水中溶解氧的有机物被称为耗氧有机物。我国绝大多数水环境的污染属于这种污染类型。

由于有机物需要消耗水中的溶解氧，在实际工作中一般采用需氧量作为有机污染物指标。常用指标主要有化学需氧量（COD）、生化需氧量（BOD）、总有机碳（TOC）、总需氧量（TOD）等。它们之间的差别是：化学需氧量（COD）是指在酸性条件下，用强氧化剂（我国法定用重铬酸钾）将有机物氧化为CO_2、H_2O所消耗的氧化剂量，用氧量表示。生化需氧量（BOD）表示在有氧条件下，温度20℃时，由于微生物（主要是细菌）的活动，降解有机物所需的氧量。总有机碳（TOC）表示的是污水中有机物的总含碳量，它是表示污水被有机物污染的综合指标。总需氧量（TOD）则是指有机物的主要组成元素C、H、N、S等被氧化，产生CO_2、H_2O、NO_2和SO_3所消耗的氧量。

（2）有机毒物污染

各种有机农药、有机染料及多环芳烃、芳香胺等往往对人及其他生物体具有毒性，有的能引起急性中毒，有的则导致慢性病，有的已被证明是致癌、致畸、致突变物质。在水质标准中规定的有机毒物主要有酚类、苯胺类、硝基苯类、烷基汞类、苯并 [a] 芘、DDT（双对氯苯基三氯乙烷）、六六六等。这些有机物虽然也造成耗氧性污染危害，但其毒性危害表现得更加突出，因此有时被称为有机毒物，在各类标准中规定了其最高允许含量。这些有机物大多具有较大的分子和较复杂的结构，不易被微生物所降解，在生物处理和自然环境中均不易去除，因此被称为持久性有机污染物。以有机氯农药为例，首先，其具有很强的化学稳定性，在自然界的半衰期为十几年到几十年。其次，它们都可能通过食物链在人体内富集，危害人体健康。如DDT能蓄积于鱼脂中，浓度可比水体中高12500倍。有机毒物主要来自焦化、染料、农药、塑料合成等企业的工业废水，农田径流中也有残留的农药。

从有机物能否被微生物吸收利用角度出发，可大致把存在于废水中的有机污染物分为三大类：

① 可生物转化的有机物。生活污水中含有碳水化合物、蛋白质和脂肪等，其水解产物为糖、脂肪酸、氨基酸、甘油等，以及后续发酵产物低分子有机酸、醇和酮等，均属于可生物降解的有机物。这些有机污染物主要是人和动物的排泄物、动植物的残体，以及工业发酵的残液、废渣等。

② 难生物转化的有机物。废水中含有的烃类、硝基化合物、有机农药及有机染料等，在低浓度时被微生物分解、吸收利用；在较高浓度下因产生抑制作用而难以吸收利用。此外，纤维素虽无毒性，但生物转化速度很慢。这类有机污染物广泛存在于化工废水、制药废水、造纸废水中。

③ 不能生物转化的有机物。废水中含有的塑料、橡胶等高分子聚合物，基本不能被微生物吸收利用。

有机污染物能否被微生物吸收利用以及吸收利用的难易程度如何，除进行直接的生物测定外，目前尚难从化学结构加以系统判定。不过，经过长期的试验研究，也初步整理和归纳了一些从化学结构方面判定可生物降解性的规律：

对于烃类化合物，一般链状烃比环状烃易于生物分解，直链烃比支链烃易于分解，不饱和烃（有双键或三键）比饱和烃易于分解。

有机物分子主链上的碳原子被其他原子（如氧、硫、氮）取代时，该分子的可生物降解性就降低，其中尤以氧取代的分子为甚。生物分解从难到易取代原子的顺序为氧＞硫＞氮＞碳（未取代时）。

主链的碳原子连有一个支链时，其生物降解性就有所降低；连有两个支链时，可生物降解性降低较多；当连有两个烷基或芳基时，可生物降解性也降低较多。

苯环上连有羟基或氨基（生成苯酚或苯胺）时，可生物降解性有所提高；而连有卤代物（特别是间位取代）时，可生物降解性降低。醇类的可生物降解性次序为：一元醇＞二元醇＞三元醇。聚合或复合的高分子化合物往往难于生物转化（如木质素、塑料等）。

由于废水中三类有机污染物的含量比例往往差别很大，因而导致其综合的可生物降解性的变化幅度也很大。为了确定某种废水是否易于生物处理，首先要判定其可生物降解性程度，判定的方法很多，其中常用的为BOD_5/COD比值法，因为BOD_5可近似代表可生物降解性耗氧有机物量，COD可近似代表耗氧有机物总量。BOD_5/COD的值可以评价废水的可生化性，如表1-2所示。

表 1-2　废水可生化性评价一览表

BOD_5/COD	<0.3	>0.3	>0.45
可生化性	不好(废水不适于生物处理)	较好(废水可生物处理)	很好

1.2.4　营养盐污染与水体富营养化

富营养化的含义是指湖泊、水库、缓慢流动的河流以及某些近海水体中营养物质(一般指氮和磷的化合物)过量从而引起水体植物(如藻类及大型植物)的大量生长。其结果是引起水质恶化、味觉和嗅觉变坏、溶解氧耗竭、透明度降低、渔业减产、死鱼、阻塞航道,对人和动物产生毒性。总氮(TN)、总磷(TP)是水域营养状态评价的主要指标,高含量总氮、总磷的存在是水域富营养化产生的必要条件。当 N、P 的浓度分别超过 0.2mg/L 和 0.02mg/L 时,就会引起水体的富营养化,严重时会在水面上聚集成大片的藻类。这种现象在湖泊中称为"水华",在海洋中称为"赤潮"。此外,BOD、温度、维生素类物质也能触发和促进富营养化污染。

富营养化的藻类以蓝藻、绿藻、硅藻为主。硅藻的多样性指数可用来评价海水富营养化程度。绿藻中的某些种能形成"水华"。由蓝藻形成的"水华"往往有剧毒,家禽或家畜饮用这种水后不到 1h 就可中毒死亡,而且也能引起水生生物(如鱼类)中毒死亡。此外,藻类过度生长繁殖将造成水中溶解氧的急剧变化。在有阳光的时候,藻类通过光合作用产生氧气;在夜晚无阳光的时候,藻类的呼吸作用和死亡藻类的分解作用所消耗的氧能在一定时间内使水体处于严重缺氧状态,从而影响鱼类生存。当藻类在冬季大量死亡时,水体的 BOD 值猛增,导致腐败,恶化环境卫生,危害水产业。

1.2.5　生物污染

生物污染物主要指废水中的致病性微生物,包括致病细菌、病虫卵和病毒。生活污水可能含有能引起肝炎、伤寒、霍乱、痢疾、脑炎的病毒和细菌,以及蛔虫卵和钩虫卵等。水质标准中的卫生学指标有细菌总数和总大肠菌群数两项,后者反映水体受到动物粪便污染的状况。除致病体外,废水中若生长铁细菌、硫细菌、藻类、水草和贝壳类动物时,会堵塞管道和用水设备等,有时还腐蚀金属和损害木质,也属于生物污染。

未污染的天然水中细菌含量很低,当城市污水、垃圾淋溶水、医院污水等排入水体后将带入各种病原微生物。医院、疗养院和生物研究所排出的污水中含有种类繁多的致病体;制革厂和屠宰场的废水中常含有钩端螺旋体等。

生物污染物污染的特点是数量大、分布广、存活时间长、繁殖速度快,必须予以高度重视。

1.2.6　放射性污染

凡具有自发放出射线特征的物质,称为放射性物质。这些物质的原子核处于不稳定状态,在其发生核转变的过程中,自发放出由粒子或光子组成的射线,并辐射出能量,同时本身转变为另一种物质,或是成为原来物质的较低能态。其所放出的粒子或光子,将对周围介质包括机体产生电离作用,造成放射性污染和损伤。

废水中的放射性物质一般浓度较低,主要由原子能工业及应用放射性同位素的单位引起,对人体有重要影响的放射性物质有 ^{90}Sr、^{137}Cs、^{131}I 等,主要引起慢性辐射和后期效应,如诱发癌症（白血病）、对孕妇和胎儿产生损伤、缩短寿命、引起遗传性伤害等。放射性物质的危害强度与剂量、性质和受害者身体状况有关。半衰期短的，其作用在短期内衰退消失；半衰期长的，长期接触有蓄积作用，危害很大。

1.3　水环境与水质标准

水环境质量标准是为控制和消除污染物对水体的污染，根据水环境长期和近期目标而提出的质量标准。除制定全国水环境质量标准外，各地区还可参照实际水体的特点、水污染现状、经济和治理水平，按水域主要用途，会同有关单位共同制定地区水环境质量标准。水环境质量是指水环境对人群的生存和繁衍以及社会经济发展的适宜程度，通常指水环境遭受污染的程度。环境保护部发布的 2018 年《中国环境状况公报》显示，2018 年，全国地表水监测的 1935 个水质断面（点位）中，Ⅰ～Ⅲ类比例为 71.0%，比 2017 年上升 3.1 个百分点；劣Ⅴ类比例为 6.7%，比 2017 年下降 1.6 个百分点。2018 年，长江、黄河、珠江、松花江、淮河、海河、辽河七大流域和浙闽片河流、西北诸河、西南诸河监测的 1613 个水质断面中，Ⅰ类占 5.0%，Ⅱ类占 43.0%，Ⅲ类占 26.3%，Ⅳ类占 14.4%，Ⅴ类占 4.5%，劣Ⅴ类占 6.9%。与 2017 年相比，Ⅰ类水质断面比例上升 2.8 个百分点，Ⅱ类上升 6.3 个百分点，Ⅲ类下降 6.6 个百分点，Ⅳ类下降 0.2 个百分点，Ⅴ类下降 0.7 个百分点，劣Ⅴ类下降 1.5 个百分点。西北诸河和西南诸河水质为优，长江、珠江流域和浙闽片河流水质良好，黄河、松花江和淮河流域为轻度污染，海河和辽河流域为中度污染。目前，切实加强我国水环境管理的理论研究和技术支撑是提升水环境管理水平和有效实现良好水环境质量目标的重要途径。水环境质量基准是制定水环境质量标准的科学依据与理论基础，欧洲、美国等发达国家和地区从 20 世纪初就开始了水质基准的研究，目前已建立起比较完整的水环境基准体系。我国基本上是从 20 世纪 80 年代开始对水环境基准有了少量介绍性论述报道，近年来依据发达国家或组织的研究成果，组织开展对水环境质量基准较系统的研究；目前获得的一些成果经进一步完善后，有可能成为国家水质标准制定或修订工作的主要技术支撑。

1.3.1　水环境质量标准

天然水体是人类的重要资源，为了保护天然水体的质量，不因污水的排入而导致恶化甚至破坏，在水环境管理中需要控制水体水质分类达到一定的水环境标准要求。随着我国环境保护立法工作的不断完善，有关部门和地方制定了较详细的水环境质量标准，供规划、设计、管理、监测部门遵循。水环境质量标准是污水排入水体时采用排放标准等级的重要依据。

水环境质量标准按水体类型划分，有《海水水质标准》（GB 3097—1997）、《地表水环境质量标准》（GB 3838—2002）、《地下水质量标准》（GB/T 14848—2017）；按水资源用途划分有生活饮用水卫生标准、城市供水水质标准、渔业水质标准、农田灌溉水质标准、生活杂用水水质标准、景观娱乐用水水质标准、瓶装饮用纯净水、无公害食品畜禽饮用水质、各种工业用水水质标准等。

依据地表水水域环境功能和保护目标，《地表水环境质量标准》（GB 3838—2002）按功能高低依次将水体划分为五类：

Ⅰ类主要适用于源头水、国家自然保护区；

Ⅱ类主要适用于集中式生活饮用水地表水源地一级保护区、珍稀水生生物栖息地、鱼虾类产卵场、幼鱼的索饵场等；

Ⅲ类主要适用于集中式生活饮用水地表水源地二级保护区、鱼虾类越冬场、洄游通道、水产养殖区等渔业水域及游泳区；

Ⅳ类主要适用于一般工业用水区及人体非直接接触的娱乐用水区；

Ⅴ类主要适用于农业用水区及一般景观要求水域。

不同功能类别执行相应类别的标准值，若同一水域兼有多功能的，执行最高功能类别的对应标准值。各类水质标准见《地表水环境质量标准》（GB 3838—2002）。

《海水水质标准》（GB 3097—1997）按照海域的不同使用功能和保护目标，将海水水质分为四类：

第一类适用于海洋渔业水域，海上自然保护区和珍稀濒危海洋生物保护区；

第二类适用于水产养殖区，海水浴场，人体直接接触海水的海上运动或娱乐区，以及与人类食用直接有关的工业用水区；

第三类适用于一般工业用水区，滨海风景旅游区；

第四类适用于海洋港口水域，海洋开发作业区。

1.3.2 污水排放标准

为贯彻《中华人民共和国环境保护法》《中华人民共和国水污染防治法》和《中华人民共和国海洋环境保护法》，控制水污染，保护江河、湖泊、运河、渠道、水库和海洋等地面水以及地下水水质的良好状态，保障人体健康，维护生态平衡，促进国民经济和城乡建设的发展，国家和各省相继制定了一系列污水排放标准。根据标准的适用范围，可分为综合排放标准和行业排放标准两大类，国家综合排放标准与国家行业排放标准不交叉执行。

（1）一般排放标准

一般排放标准用于现有单位水污染物的排放管理，以及建设项目的环境影响评价、建设项目环境保护设计、竣工验收及其投产后的排放管理。一般排放标准有《污水综合排放标准》（GB 8978—1996）、《城镇污水处理厂污染物排放标准》（GB 18918—2002）、《农用污泥污染物控制标准（GB 4284—2018）》等。

广泛使用的是《污水综合排放标准》（GB 8978—1996），该标准根据污水中污染物的危害程度把污染物分为两类。第一类污染物能在环境或动植物体内积累，对人类健康产生长远的不良影响。含此类污染物的污水，不分行业和污水排放方式，也不分受纳水体的功能类别，一律在车间或车间处理设施排放口采样，并要求其含量必须符合相应规定，第一类污染物共13种，最高允许排放浓度见表1-3所示；第二类污染物的长远影响小于第一类，一般在排污单位总排放口采样，最高允许排放浓度要按地面水使用功能的要求和污水排放去向，分别执行相应标准。

污水综合排放标准和地表水环境质量标准的关系如表1-4所示。

《污水综合排放标准》（GB 8978—1996）规定地表水Ⅰ、Ⅱ类水域和Ⅲ类水域中划定的保护区和海洋水体中第一类海域，禁止新建排污口，现有排污口应按水体功能要求，实行污染物总摄控制，以保证受纳水体水质符合规定用途的水质标准。

表1-3 第一类污染物最高允许排放浓度

序号	污染物	最高允许排放浓度	序号	污染物	最高允许排放浓度
1	总汞	0.05mg/L	8	总镍	1.0mg/L
2	烷基汞	不得检出	9	苯并[a]芘	0.00003mg/L
3	总镉	0.1mg/L	10	总铍	0.005mg/L
4	总铬	1.5mg/L	11	总银	0.5mg/L
5	六价铬	0.5mg/L	12	总 α 放射性	1Bq/L
6	总砷	0.5mg/L	13	总 β 放射性	10Bq/L
7	总铅	1.0mg/L			

表1-4 污水综合排放标准和地表水环境质量标准的关系　　　　mg/L

污水综合排放标准 GB 8978—1996	地表水环境质量标准 GB 3838—2002	海水水质标准 GB 3097—1997
一级标准	Ⅲ类水域	二类海域
二级标准	Ⅳ、Ⅴ类水域	二类海域
三级标准	二级污水处理厂的 城镇排水系统	—

(2) 行业排放标准

行业排放标准是在综合排放标准的基础上，根据某个特定行业的具体工艺及行业发展现状制定出的针对该具体行业的排放标准。一般情况下，选用排放标准时应选用最新的标准，有对应行业标准的首选行业标准。有关污水排放的行业标准有：《制革及毛皮加工工业水污染物排放标准》（GB 30486—2013）、《电镀污染物排放标准》（GB 21900—2008）、《制浆造纸工业水污染物排放标准》（GB 3544—2008）、《畜禽养殖业污染物排放标准》（GB 18596—2001）、《钢铁工业水污染物排放标准》（GB 13456—2012）、《柠檬酸工业水污染物排放标准》（GB 19430—2013）、《味精工业污染物排放标准》（GB 19431—2004）、《兵器工业水污染物排放标准 火炸药》（GB 14470.1—2002）、《兵器工业水污染物排放标准 火工药剂》（GB 14470.2—2002）、《兵器工业水污染物排放标准 弹药装药》（GB 14470.3—2002）、《合成氨工业水污染物排放标准》（GB 13458—2013）、《电池工业污染物排放标准》（GB 30484—2013）、《合成氨工业水污染物排放标准》（GB 13458—2013）、《纺织染整工业水污染物排放标准》（GB 4287—2012）、《橡胶制品工业污染物排放标准》（GB 27632—2011）、《发酵酒精和白酒工业水污染物排放标准》（GB 27631—2011）、《汽车维修业水污染物排放标准》（GB 26877—2011）、《陶瓷工业污染物排放标准》（GB 25464—2010）、《中药类制药工业水污染物排放标准》（GB 21906—2008）、《发酵类制药工业水污染物排放标准》（GB 21903—2008）、《合成革与人造革工业污染物排放标准》（GB 21902—2008）、《污水海洋处置工程污染控制标准》（GB 18486—2001）、《磷肥工业水污染物排放标准》（GB 15580—2011）、《烧碱、聚氯乙烯工业污染排放标准》（GB 15581—2016）、《航天推进剂水污染物排放标准》（GB 14374—1993）、《肉类加工工业水污染物排放标准》（GB 13457—1993）、《海洋石油勘探开发污染物排放浓度限值》（GB 4914—2008）等。

此外，水环境标准又可分为国家标准和地方标准。国家标准一般包括强制性国家标准、推荐性国家标准、国家标准化指导性技术文件等。国家标准具有普遍性，可在各地区使用。由于各地区的环境条件不同，根据本地区的实际情况还可以制定地方标准。通常地方标准要严于国家标准，以保证水环境质量。

需要指出的是，标准具有时效性，随着经济的发展、技术的进步、认识的提高，标准也会不断地改进。一般来讲，随着时间的推移，标准会越来越严。

1.4 【实训项目】城市生活污水 COD 的检测

1.4.1 水质取样

各种水质的水样，从采集到分析这段时间内，由于物理的、化学的、生物的作用会发生不同程度的变化，这些变化使得进行分析时的样品已不再是采样时的样品，为了使这种变化降低到最小的程度，必须在采样时对样品加以保护。

水样在贮存期内发生变化的程度主要取决于水的类型及水样的化学性和生物学性质，也取决于保存条件、容器材质、运输及气候变化等因素。这些变化往往非常快。样品常在很短的时间里明显地发生变化，因此必须在一切情况下采取必要的保存措施，并尽快进行分析。保存措施在降低变化的程度或缓慢变化的速度方面是有作用的，但到目前为止所有的保存措施还不能完全抑制这些变化。而且对于不同类型的水，产生的保存效果也不同，饮用水很易贮存，因其对生物或化学的作用很不敏感，一般的保存措施对地面水和地下水可有效地贮存，但对废水则不同。废水性质或废水采样地点不同，其保存的效果也就不同，如采自城市排水管网和污水处理厂的废水其保存效果不同，采自生化处理厂的废水及未经处理的废水其保存效果也不同。

分析项目决定废水样品的保存时间，有的分析项目要求单独取样，有的分析项目要求在现场分析，有些项目的样品能保存较长时间。由于采样地点和样品成分的不同，迄今为止还没有找到适用于一切场合和情况的绝对准则。在各种情况下，存储方法应与使用的分析技术相匹配。

分组按采样要求取固定采样点的废水若干，使用玻璃瓶或塑料瓶存放水样，取水后立即加氯化汞或加入三氯甲烷、甲苯作防护剂以抑制生物对亚硝酸盐、硝酸盐、铵盐的氧化还原作用，若使用玻璃瓶采样，需使用硫酸调节 pH 至小于 2，水样可存放 2 天，单个水样最少取 500mL；若使用塑料容器采样，则需使水样保存于 $-20℃$ 冷冻条件下，单个水样最少取 100mL，最长贮存时间为 1 个月。

水样采集后，往往根据不同的分析要求，分装成数份，并分别加入保存剂，对每一份样品都应附一张完整的水样标签。水样标签应事先设计打印，内容一般包括：采样目的，项目唯一性编号，监测点数目、位置，采样时间，日期，采样人员，保存剂的加入量等。标签应使用不褪色的墨水填写，并牢固地粘贴于盛装水样的容器外壁上。对于未知的特殊水样以及危险或潜在危险物质如酸，应用记号标出，并将现场水样情况作详细描述。

对需要现场测试的项目，如 pH、电导率、温度、流量等应按表 1-5 进行记录，并妥善保管现场记录。

每个水样瓶均需贴上标签，内容有采样点位编号、采样日期和时间、测定项目、保存方法，并写明使用何种保存剂。装有水样的容器必须加以妥善的保存和密封，并装在包装箱内固定，以防在运输途中破损。

1.4.2 COD 的分析检测

本测定方法为《水质 化学需氧量的测定 重铬酸盐法》（HJ 828—2017）对应的方法。本方法适用于各种类型的含 COD 值大于 30mg/L 的水样，对未经稀释的水样的测定上限为

700mg/L。本方法不适用于含氯化物浓度大于 1000mg/L（稀释后）的含盐水。

表 1-5　采样现场数据记录

项目名称：									
样品描述：									
采样地点	样品编号	采样日期	时间		pH	温度	其他参数		备注
			采样开始	采样结束					
采样人：		交接人：			复核人：			审核人：	

注：备注中应根据实际情况填写如下内容：水体类型、气象条件（气温、风向、风速、气体状态）、采样点周围环境状况、采样点经纬度、采样点水深、采样层次等。

（1）操作步骤

取 10.0mL 水样于锥形瓶中，依次加入硫酸汞溶液、重铬酸钾溶液 5.00mL 和几颗防爆玻璃珠摇匀。将锥形瓶连接到回流装置冷凝管下端，从冷凝管上端缓慢加入 15mL 硫酸银-硫酸溶液，以防止低沸点有机物的逸出，不断旋动锥形瓶使之混合均匀。自溶液开始沸腾起保持沸腾回流 2h。若为水冷装置，应在加入硫酸银-硫酸溶液之前，通入冷凝水。回流冷却后，自冷凝管上端加入 45mL 水冲洗冷凝管，使溶液体积在 70mL 左右，取下锥形瓶。溶液冷却至室温后，加入 3 滴试亚铁灵指示剂溶液，用硫酸亚铁铵标准溶液滴定，记录消耗的体积 V_1。

注：样品浓度低时，取样体积可适当增加。

（2）空白试验

按（1）相同的操作步骤，以试剂水代替水样进行空白试验。

结果计算：

按下式计算样品中化学需氧量的质量浓度 ρ（mg/L）。

$$\rho = \frac{c \times (V_0 - V_1) \times 8000}{V_2} \times f \tag{1-1}$$

式中　c——硫酸亚铁铵标准溶液的浓度，moL/L；

$\quad V_0$——空白试验所消耗的硫酸亚铁铵标准溶液的体积，mL；

$\quad V_1$——水样测定所消耗的硫酸亚铁铵标准溶液的体积，mL；

$\quad V_2$——水样的体积，mL；

$\quad f$——样品稀释倍数；

$\quad 8000$——$\frac{1}{4}O_2$ 的摩尔质量以 mg/L 为单位的换算值。

结果表示：

当 COD_{Cr} 测定结果小于 100mg/L 时保留至整数位；当测定结果大于或等于 100mg/L 时，保留三位有效数字。

1.4.3　水质分析

① 判断分析水质类型；

② 确定水域功能，通过水域功能确定污染物排放标准；

③ 佛山市某汽车零配件公司，在生产过程中会有电镀工序，该工程产生的污水经处理后直接排入地表水Ⅲ类水域。该公司执行的是哪个标准？

试题练习

1. 根据《城镇污水处理厂污染物排放标准》(GB 18918—2002)的规定，城镇污水处理厂取样频率为至少每(　　)一次。

A. 2h　　　　　　B. 4h　　　　　　C. 6h　　　　　　D. 8h

2. 在好氧条件下，由好氧微生物降解污水中的有机污染物，最后产物主要是(　　)。

A. CO_2　　　　B. H_2O　　　　C. 悬浮固体　　　D. CO_2 或 H_2O

3. 重金属(　　)被微生物降解。

A. 易于　　　　　B. 难于　　　　　C. 一般能　　　　D. 根本不能

4. 活性污泥微生物对氮、磷的需要量可按(　　)考虑。

A. BOD：N：P＝100：20：10

B. BOD：N：P＝100：5：1

C. BOD：N：P＝100：3：1

5. 厌氧生物处理中，微生物所需营养元素中碳、氮、磷比值(BOD：N：P)控制为(　　)。

A. 100：5：1　　B. 100：5：2　　C. 200：5：1　　D. 200：5：2

6. 在水温为 20℃的条件下，由于微生物(主要是细菌)的生活活动，将有机物氧化成无机物所消耗的溶解氧量，称为(　　)。

A. COD　　　　　B. BOD　　　　　C. TOC　　　　　D. DO

7. 为适应地面水环境功能区和海洋功能区保护的要求，国家对污水综合排放标准划分为三级，对排入未设二级污水处理厂的城镇排水系统的污水，执行(　　)。

A. 一级标准　　　B. 三级标准　　　C. 二级标准

D. 按受纳水域的功能要求，分别执行一级标准或二级标准

8. 以下不属于国家工业废水排放标准的主要指标是 (　　)。

A. 氨　　　　　　B. BOD_5　　　　C. pH　　　　　　D. Fe^{2+}

9. 通常可用(　　)作为污水是否适宜于采用生物处理的判别标准。

A. $COD \times BOD_5$　　B. COD/BOD_5　　C. BOD_5/COD　　D. $COD＋BOD_5$

10. 思考题

某养猪场废水处理站出水水质情况如下表 (单位 mg/L)：

COD_{Cr}	BOD_5	SS	氨氮	总磷
350	120	170	80	6.5

该项目位于佛山市三水区，执行广东省地方标准《畜禽养殖业污染物排放标准》(DB 44/613—2009)表 5 规定的指标。请判断该废水处理站处理出水是否达标？

项目二

城镇生活污水处理典型工艺设计与运行管理

▶▶

学习目标

了解城镇生活污水常用的处理工艺，熟悉城镇生活污水处理工艺的初步设计，熟悉生化处理单元的基本原理，掌握城镇生活污水处理系统的操作和运行管理。

任务分析

1. 通过典型城镇生活污水处理工艺初步设计任务，掌握城镇生活污水处理工艺设计的步骤，了解城镇生活污水典型处理单元，重点介绍厌氧处理技术、好氧处理技术、生物膜法处理技术等生物处理单元。

2. 通过参观实际污水处理厂、模拟仿真实训和校内小型污水处理实训系统，掌握典型城镇生活污水系统以及典型处理单元的操作和运行管理。

2.1 水处理中常见的微生物

微生物是指个体难以用肉眼观察的一切微小生物的统称。水处理中的生物化学法就是利用微生物作为处理介质，通过微生物的新陈代谢作用，降解水中可生物降解的污染物并使其转化为无害物质，使受污染的水质得到净化的过程。由于微生物的类群繁杂，数量庞大，如需详细了解请查阅相关的微生物专著，本教材仅介绍水处理中常用的微生物。水处理中常用的微生物种类主要有细菌、真菌、藻类、原生动物和后生动物等。水的生化处理中常用的微生物分类见图2-1。

在水的生化处理过程中，参与反应的主要微生物有细菌、水解酸化菌、产甲烷菌、硫酸盐还原菌、八叠球菌、硝化菌与反硝化菌、蓝藻、放线菌、钟虫、轮虫等。

（1）细菌

细菌为单细胞生物，其基本形态有球状、杆状和螺旋状3种。当环境条件改变时，同一菌种的形态亦会发生改变。根据球菌分裂后子细胞的排列方式不同，可将其分为单球菌属（微球菌属）、双球菌属、链球菌属、四联球菌属、八叠球菌属和葡萄球菌属。根据杆菌排列方式上的差别，杆菌又可细分为单杆菌、"八字"杆菌、双杆菌、链状菌和栅栏状菌。根据细菌弯曲程度不同又可分为弧菌与螺旋菌。弧菌弯曲不足一圈，形同逗号或字母"C"；螺旋菌菌体作多次弯曲，回转呈螺旋状。

细菌的大小常以 μm（微米）表示，随种类不同而有较大差异，小的近似于病毒，大的

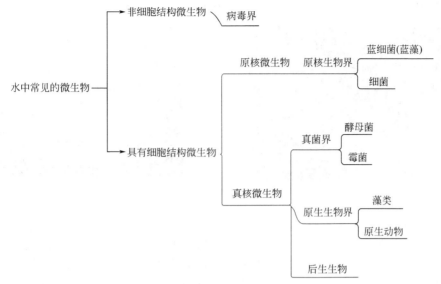

图 2-1 水的生化处理中常用的微生物

几乎肉眼可见，大多数细菌介于这两者之间，必须借助显微镜方可观察。球菌的大小一般以直径表示，杆菌和螺旋菌的大小用宽度和长度表示。

细菌细胞的结构可分为两部分，即基本结构和特殊结构。基本结构为所有细菌细胞所共有，如细胞壁、细胞膜、细胞质、核糖体及内含物等。特殊结构只在某些细菌中出现，如荚膜、鞭毛、芽孢等。

细菌一般进行无性繁殖，以裂殖的方式（一分为二）进行。其繁殖过程首先是菌体伸长，接着是核体分裂，之后是菌体中部的细胞膜沿横切方向形成隔膜，使细胞质分成两部分，细胞壁也向内生长成子细胞壁，最终分离成两个新的菌体。杆菌一般沿横轴进行分裂，球菌则沿不同的轴进行分裂，裂殖产生的子细胞常常大小相等，称为同型裂殖。偶尔也可出现异型裂殖，产生大小不等的子细胞。

环境中常见的重要细菌主要包括球菌类、杆菌类和螺旋菌类。

球菌类主要有微球菌属、葡萄球菌属和链球菌属。多数为革兰阳性，不能运动，好氧；少数为厌氧菌。

（2）放线菌

放线菌在自然环境中分布广泛，土壤是其主要分布场所，特别是中性或偏碱性土壤和有机物丰富的土壤中较多。常见的放线菌代表属主要有链霉菌属、诺卡菌属和小单胞菌属。放线菌因菌落呈放射状而得名，是细菌中的一个特殊类群。其细胞结构与细菌十分相近，细胞核属于原核，没有核膜与核仁的分化，细胞微小，直径为 $0.5 \sim 1.5 \mu m$，细胞壁的化学成分也与细菌相仿，只有无性繁殖等。

放线菌最主要的作用是能产生大量的、种类繁多的抗生素，在 4000 多种抗生素中，绝大多数由放线菌产生。有的放线菌还可用于维生素、酶制剂的生产。此外，放线菌可以分解许多有机物，包括纤维素、吡啶、芳香族化合物、甾体、木质素等，所以在石油脱蜡、烃类发酵、污水处理及环境修复中也具有重要的应用价值。

（3）藻类

藻类（图 2-2）是低等植物中的一大类群，因具有光合色素而与高等植物一样能进行光合作用。藻类细胞分化比较低级，无根、茎、叶的分化，生殖方式也属低级，借单细胞生殖器官进行繁殖。藻类形态多样，大小、结构悬殊，大多数藻类个体很小，内眼看不见或看不清，故列入微生物学范畴。藻类有单细胞、群体和丝状体等类型。

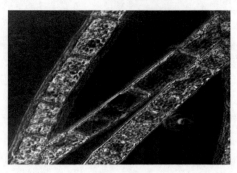 

图 2-2　藻类　　　　　　　　　　　　　图 2-3　藻类爆发的滇池

藻类分布极广，多数为水生生物，广泛存在于淡水及海水中，有的附着于其他物体上。单细胞藻类主要存在于水的上层并呈浮游状态，所以也称浮游生物或浮游植物。很多藻类还具有固氮作用，大多表现为专性光能自养型，少数为化能自养型。藻类的营养要求简单，在自然水生生态系统中，藻类是重要的初级生产者，既能进行光合作用将 CO_2 同化转变为菌体物质，又不需维生素，是食物链中的关键性环节，关系到水体生产力及物质转化和能量流，能使水体保持其自然生态平衡。当其恶性增殖时，可形成水华，造成水质恶化与污染。有的蓝细菌生长于海水甚至深海中，当某些种类大量繁殖时，可形成赤潮（图 2-3）。

藻类的生理特征与繁殖方式：藻类所具有的光合色素能进行与高等植物同类型的光合作用，其过程需要叶绿素 a 的参与。所以，藻类和高等植物以及蓝细菌均属一类。藻类是需氧生物，系呼吸作用时的需要。在白天光照条件下，其光合作用产氧量大，水中含氧量（液解氧）往往很高，至夜间仅有呼吸作用，水中的含氧量可急剧下降。藻类一般是无机营养的，除利用 CO_2 外，还需无机氮源供藻体蛋白质的合成，此外还需要磷、硫、镁等。藻类具有很强的繁殖能力，繁殖方式有营养繁殖、无性繁殖、有性繁殖 3 种，且以前两种为主。营养繁殖以裂殖方式进行，无性繁殖以无性孢子形式（静孢子、动孢子、厚壁孢子、休眠孢子等）进行，有性繁殖以配子为基础并通过同配、异配和卵式生殖方式进行。

（4）原生动物

原生动物是由单细胞构成的低等动物。其结构简单、形体微小、大小悬殊，最小的仅有 $2\mu m$、$3\mu m$，最大的可达 5cm，多数为 $30\sim300\mu m$。原生动物在环境中分布极广，海洋、湖水、河水、池水、土壤中均有存在，大多为腐生，也有的在高等动物或人体内寄生或共生。原生动物是水中重要的浮游生物。在活性污泥废水处理统中，原生动物以吞食细菌为主，对净化污水能起到一定的作用。

① 原生动物的形态与结构。原生动物虽为单细胞生物，但在生理上却是一个独立的有机体，具有多细胞动物所有的生活机能（如摄食、呼吸、排泄、生殖、运动）、对环境的适应性和对刺激的感应性。原生动物具有一定的形状，有长形、圆形、卵圆形等，但其变化很大。

② 原生动物的营养与繁殖。大部分原生动物为异养型，靠吞食细菌、真菌、藻类等有机体为食，或以其他动物尸体、有机颗粒等为食物，少数含有光合色素，能像植物一样进行自养生活。肉足类原生动物没有专门的胞口，体表任何部分都可起到口的作用。当伪足遇到食物时，用身体包围食物并分泌消化酶将其加以消化。鞭毛纲和纤毛纲原生动物易形成胞口，由胞口获取食物。

原生动物的繁殖分为无性繁殖和有性繁殖两种。无性繁殖一般为二分裂繁殖型，也有复分裂方式者。环境条件适宜时，无性繁殖能连续进行，个体数量增加很快。环境条件较差或衰老时，可进行有性繁殖。

③ 原生动物的主要类目。目前已知的原生动物有 15000 余种，有不同的分类方法。一种分类是将原生动物分为 5 个纲，即鞭毛纲、肉足纲、孢子纲、纤毛纲和吸管纲。另一种分类是将其分为 4 个纲：肉足纲、鞭毛纲、孢子纲和纤毛纲（包括吸管纲）。因孢子纲的孢子虫多寄生于人或动物体内，所以废水处理系统中常见的只有其余 4 个纲。在活性污泥处理系统中，常以原生动物的类群和比例作为污水净化的指标。一般情况下，当普通的钟虫与群体钟虫较多时，说明污泥曝气池运转正常。

（5）微型后生动物

微型后生动物是指形体微小、放大后方可见到的多细胞动物的总称。在污水处理系统中常见的有轮虫、线虫、颗体虫、寡毛虫、浮游甲壳动物等。

① 轮虫。轮虫（图 2-4）属于担轮动物门轮虫纲。其形体有圆形、锥形、球形、椭圆形等，平均长度为 0.1～0.5mm，最大的约 2mm。虫体通常由头部、躯干及足三部分组成，体表有一层淡黄色或乳白色的表皮，头部有一个由 1～2 圈纤毛组成的能转动的轮盘，犹如车轮，

图 2-4 轮虫

故得此名。轮虫多以细菌、霉菌、酵母菌、小的原生动物、藻类及有机颗粒为食物，属杂食营养，在废水处理过程中有一定的净化作用。

② 线虫。线虫（图 2-5）是长线状，体长为 0.25～2mm，好氧及兼性厌氧，是污水处理中常见的微型动物。线虫有自由生活型、寄生型两类，污水处理中大多为自由生活型。自由生活型线虫主要有 3 种营养型：以绿藻和蓝细菌为养料的植食型；以动物残体、细菌、有机颗粒为养料的腐食型；以轮虫和其他线虫为营养的肉食型。当兼性厌氧型虫大量出现时，标志着水的净化程度降低。

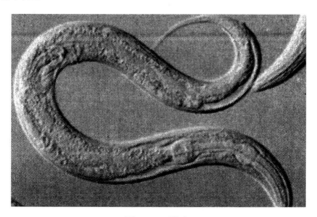

图 2-5 线虫

③ 浮游甲壳动物。浮游甲壳动物具有坚硬的甲壳，广泛分布于池塘、湖泊、河流乃至海洋中。污水处理系统中常见的有水蚤和剑水蚤，在淡水中具有重要的指示作用。

浮游甲壳类动物多以细菌和藻类为食，因此能对含藻类多的氧化塘水起净化作用。此外，还可根据水蚤本身红色的深浅程度来判断水体中溶解氧浓度的变化，由此可评价水的污染程度。这是由于水蚤血液及某些细胞中含有血红素，其含量受环境中溶解氧浓度的影响，溶解氧浓度高时，血红素含量低，水蚤呈浅红色，反之红色加深。

④ 黼体虫、寡毛虫与水丝蚓。此类微型动物属于环节动物门的寡毛纲。其分布较广，最适生长温度为20℃，60℃以上活力下降。其常分泌一层胶状薄膜包裹全身以度过低温环境，水温上升时又重新正常生活。有的以土壤为食料，营厌氧生活。污水处理系统中常出现红斑黼体虫，它以前叶腹面纤毛作为摄食器官，捕食细菌与有机颗粒。水丝蚓常作为底泥的指示生物。草履虫结构见图2-6。

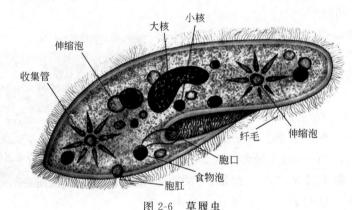

图 2-6　草履虫

2.2　微生物的代谢及生长规律

生物代谢示意见图2-7。

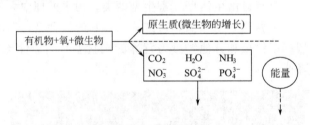

图 2-7　生物代谢

生物的代谢是指生命细胞中发生的物质化学转化过程。代谢是生命活动的基本特征之一，生命活动的任何过程都离不开代谢，代谢一旦停止，生命随之结束。在微生物的代谢过程中，细胞不断从外部环境中摄取生长所需要的能源和营养物质，同时不断将代谢产物（废物）排泄到外部环境中去，因此代谢又称为新陈代谢。微生物要靠代谢维持其生命活动诸如生长、繁殖、运动等。代谢被分为两大类，即分解代谢和合成代谢。

2.2.1　分解代谢

分解代谢也称异化作用，是指微生物将自身或外来的各种物质分解以获取能量的过程。分解代谢产生的能量一部分用以维持各项生命活动需要，另一部分以热能的形式与代谢废物一起排出体外。根据分解代谢过程对氧的需求，又可分为好氧分解代谢和厌氧分解代谢。

（1）好氧分解代谢

好氧分解代谢是在有氧的条件下，好氧微生物和兼性厌氧微生物将有机物分解为 CO_2 和 H_2O，并释放出能量的代谢过程。在有机物氧化过程中脱出的氢是以氧作为受氢体。如葡萄糖（$C_6H_{12}O_6$）在有氧情况下完全氧化：

$$C_6H_{12}O_6 + 6O_2 \longrightarrow 6CO_2 + 6H_2O + 2870kJ$$

（2）厌氧分解代谢

厌氧分解代谢是厌氧微生物和兼性厌氧微生物在无氧的条件下，将复杂的有机物分解成简单的有机物和无机物，如有机酸、醇、CO_2 等，再被甲烷菌进一步转化为甲烷和 CO_2 等，并释放出能量的代谢过程。厌氧代谢的受氢体：可以是有机物，也可以是含氧化合物（如硫酸根、二氧化碳、硝酸根等）。如葡萄糖的厌氧代谢：

$$C_6H_{12}O_6 + 12KNO_3 \longrightarrow 6CO_2 + 12KNO_2 + 6H_2O + 1796kJ$$

$$C_6H_{12}O_6 \longrightarrow 2CH_3CH_2OH + 2CO_2 + 226kJ$$

以含氧化合物为受氢体时，1mol 葡萄糖释放的能量为 1796kJ；以有机物为受氢体时，1mol 葡萄糖释放的能量为 226kJ。

好氧分解代谢过程中，有机物的分解比较彻底，最终产物是含能量最低的 CO_2 和 H_2O，故释放能量多，代谢速度快，代谢产物稳定。从污水处理的角度来说，希望保持这样一种代谢形式，在较短时间内，将污水中有机物稳定化。厌氧分解代谢中有机物氧化不彻底，用于处理污水时，不能达到排放要求，还需要进一步处理。厌氧分解代谢可产生沼气，回收甲烷。

2.2.2 合成代谢

合成代谢又称同化作用或生物合成，是从小的前体或构件分子（如氨基酸和核苷酸）合成较大的分子（如蛋白质和核酸）的过程，是指微生物不断由外界取得营养物质合成为自身细胞物质并贮存能量的过程。在此过程中，微生物合成所需要的能量和物质由分解代谢提供。

分解代谢与合成代谢是一个协同的、一体化的过程，它们是密不可分的。微生物的生命过程是营养物质不断被利用，细胞物质不断合成又不断消耗的过程。这一过程中伴随着新生命的诞生、旧生命的死亡和营养物质的转化。污水的生物化学处理就是利用污染物（营养物质）的代谢作用实现的。

2.2.3 微生物的生长规律

微生物群体的生长规律可以用微生物的生长曲线来描述，该生长曲线可以反映微生物群体在不同培养环境下的生长情况及微生物群体的生长过程。按微生物生长速度不同，生长曲线可划分为四个生长时期：适应期（停滞期）、对数增长期、平衡期（稳定期）、内源呼吸期（衰亡期）。微生物生长曲线见图 2-8。

（1）适应期（停滞期）

这是微生物培养的最初阶段，由于微生物刚接入新鲜培养基中，对新的环境还处在适应阶段，所以在此时期微生物的数量基本不增加，生长速度接近于零。这一时期一般在活性污

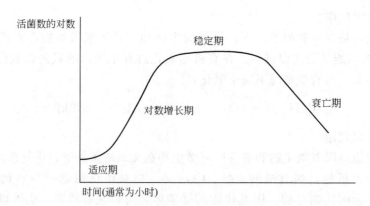

图 2-8　微生物生长曲线

泥的培养驯化时或处理水质突然发生巨大变化后出现，能适应的微生物则能够生存，不能适应的微生物则被淘汰，此时微生物的数量有可能减少。

（2）对数增长期

微生物经历了适应期后，已适应了新的培养环境。在营养物质（基质）较丰富的条件下，微生物的生长繁殖不受基质的限制，开始大量生长繁殖；菌体数量以几何级数增加，菌体数量的对数值与培养时间呈直线关系。因此，对数期也被称作指数增长期或等速生长期。对数期微生物增长速度的大小取决于微生物本身的世代时间及利用基质的能力，即取决于微生物自身的生理机能。

对数期的微生物具有繁殖快、活性大、对基质分解速度快的特点。在这种情况下，微生物体内能量高，絮凝和沉降性能较差，势必导致活性污泥处理系统出水中的有机物浓度过高。也就是说，如果控制微生物处于对数增长期，虽然反应速率快，但取得稳定的出水是比较困难的。

（3）平衡期（稳定期）

微生物经过对数增长期大量繁殖后，培养基中的基质逐渐被消耗，再加上代谢产物的不断积累，使环境条件变得不利于微生物的生长繁殖，致使微生物的增长速度逐渐减慢，死亡速度逐渐加快，微生物数量趋于稳定，所以平衡期又称减速增长期或稳定期。

微生物处于减速增长期时，污染物浓度低，絮凝和沉降性能好。将生化处理设施的运行状态控制在平衡期，可以获得较好的出水水质。

（4）内源呼吸期（衰亡期）

在减速增长期后，培养基中的基质消耗殆尽，微生物只能利用体内贮存的物质或以死亡的菌体作为养料，进行内源呼吸，维持生命。内源呼吸期细菌死亡速度大于新生成的速度、整个群体出现负增长、细胞开始畸形、细胞死亡出现自溶现象，故内源呼吸期亦称衰亡期。在这个时期有些细菌往往产生芽孢，絮凝体形成速度增高，吸附基质的能力显著增强，所以处于内源呼吸期运行的生化处理系统，出水水质最好。

2.3　污水的生物处理

污水生物处理是用生物学的方法处理污水的总称，主要借助微生物的分解作用把污水中的有机物转化为简单的无机物，使污水得到净化。按对氧气需求情况可分为厌氧生物处理和好氧生物处理两大类。

2.3.1　污水的好氧生物处理

好氧生物处理法是利用好氧微生物（包括兼性微生物）在有氧气存在的条件下进行生物代谢以降解有机物，使其稳定、无害化的处理方法。微生物利用水中存在的有机污染物为底物进行好氧代谢，经过一系列的生化反应，逐级释放能量，最终以低能位的无机物稳定下来，达到无害化的要求，以便返回自然环境或进一步处理。污水处理工程中，好氧生物处理法主要包括活性污泥法和生物膜法两大类（分别在本书 2.4 及 2.5 详细叙述）。

2.3.1.1　好氧生物处理的基本反应

好氧生物处理过程的反应包括分解反应、合成反应及内源呼吸反应。

（1）分解反应

系有氧条件下，好氧微生物和兼性厌氧微生物将有机物分解为 CO_2 和 H_2O，并释放出能量的代谢过程。该过程的反应方程式如下：

$$C、N、H、S + O_2 \longrightarrow CO_2 + H_2O + NH_3 + SO_4^{2-} + 其他 + 能量$$

（2）合成反应（也称同化作用）

系微生物不断由外界取得营养物质合成为自身细胞物质并贮存能量的过程。

（3）内源呼吸反应

系微生物对自身的细胞物质进行氧化分解，并提供能量的过程。

2.3.1.2　好氧生物处理的影响因素

影响好氧生物处理的因素主要为水温、营养物质、pH、溶解氧、有毒物质等。

（1）水温

水温是影响微生物生理活动的重要因素。温度适宜，能够促进、强化微生物的生理活动。在微生物的酶系不受变性影响的温度范围内，温度上升会使微生物活动旺盛、能够提高生化反应速率。

好氧生化处理工艺的实际温度一般为 $15\sim30℃$，水温为 $30\sim35℃$ 时，处理效果最好。当水温低于 $100℃$ 或高于 $40℃$ 时，通过调节负荷，也能得到较好的处理效果。因此，除了某些水温太高的工业废水需要特殊降温外，好氧生化处理一般不对水温进行调整。

（2）营养物质

微生物的生长繁殖需要各种营养物质，不同微生物对营养元素的需求不同，并且对营养元素的比例有一定要求，好氧微生物要求 BOD_5（C）：N：P = 100：5：1，厌氧微生物群体对 N、P 的需求略低于好氧微生物，一般要求 BOD_5（C）：N：P = 200：5：1。城市生活污水能满足活性污泥微生物的营养要求，但有些工业废水除含有机物外一般缺乏某些营养元素，特别是 N 和 P，所以在用生化法处理这类污水时，需要投加适量的氮、磷等化合物。

（3）pH

好氧生物处理，污水的 pH 一般以 $6.5\sim8.5$ 为宜。对于厌氧生物处理，pH 应在 $6.5\sim7.8$。pH 过低或过高的污水在进入生化处理装置前应调整其 pH。在运行过程中，pH 不能突然变化太大，以防微生物生长繁殖受到抑制或死亡，而影响处理效果。

（4）溶解氧

好氧生物处理时，如果溶解氧不足，微生物代谢活动会受到影响，处理效果明显下降，甚至造成局部厌氧分解，产生污泥膨胀现象。通常在活性污泥法中，维持曝气池溶解氧在 2mg/L 左右。

（5）有毒物质

对微生物有害的有毒物质都会影响污水的生化处理，例如重金属离子、H_2S、氰化物、酚类等。工业废水中往往含有许多有毒物质，微生物群体（活性污泥或生物膜）经过培养驯化可以成为以该种废水中污染物质为主要营养物质的降解菌，但当污水中的有毒物质超过一定浓度时，仍能破坏微生物的正常代谢。因此，对某种污水进行生化处理时，必须根据具体情况确定处理方法。在污水生化处理过程中，应严格控制有毒物质浓度。

2.3.2　污水的厌氧生物处理

厌氧生物处理技术是在厌氧条件下，兼性厌氧和厌氧微生物群体将有机物转化为甲烷和二氧化碳的过程，又称为厌氧消化。与好氧过程的根本区别在于不以分子态的氧作为受氢体，而以化合态的氧、碳、硫、氢等作为受氢体。

厌氧生物处理法与好氧生物处理法相比优势在于：①好氧生物处理的过程中需要充氧，这将消耗一定的能源；厌氧生物处理法不需要充氧，而且产生的沼气可作为能源。一般厌氧生物处理法的动力消耗约为好氧生物处理法的 1/10。②在适用条件上，好氧生物处理法仅适合中、低浓度的有机废水，不适用于难降解的有机废水；厌氧生物处理法适合高、中、低浓度的有机废水，并且某些难降解的有机废水采用厌氧生物处理法是可降解的。

2.3.2.1　厌氧生物处理三大阶段

废水的厌氧生物处理是一个复杂的微生物化学过程，它是依靠水解产酸细菌、产氢产乙酸细菌和产甲烷细菌三大主要类群细菌的联合作用完成的。厌氧消化过程可以粗略分为三个阶段：水解酸化阶段；产氢产乙酸阶段；产甲烷阶段。

① 水解酸化阶段。复杂的大分子、不溶性有机物先在细胞外酶的作用下水解为小分子、溶解性有机物，然后渗入细胞体内，分解产生挥发性有机酸、醇类等。这个阶段主要产生较高级脂肪酸，同时还有部分醇类、乳酸、二氧化碳、氢气、氨、硫化氢等产物产生。

② 产氢产乙酸阶段。在产氢产乙酸细菌的作用下，第一阶段产生的各种有机酸被分解转化成乙酸和 H_2。反应式如下：

$$CH_3CH_2CH_2CH_2COOH + 2H_2O \longrightarrow CH_3CH_2COOH + CH_3COOH + 2H_2$$

　　　　　（戊酸）　　　　　　　　　　　　　　　　（丙酸）　　　　　（乙酸）

③ 产甲烷阶段。产甲烷细菌将乙酸、乙酸盐、CO_2 和 H_2 等转化为甲烷。

在厌氧反应器中，厌氧消化过程的以上三个阶段是同时进行的，并保持某种程度的动态平衡。但这种动态平衡会被某些外界因素例如 pH、温度、有机负荷等破坏，一旦厌氧消化过程的动态平衡遭到破坏则首先会使产甲烷阶段受到抑制，其结果会导致低级脂肪酸的积存和厌氧进程的异常变化，甚至会导致整个厌氧消化过程停滞。

2.3.2.2　厌氧生物处理的影响因素

影响厌氧生物处理的因素主要为 pH、温度、有机负荷、营养物质配比、水力停留时间等。

（1）pH

产甲烷细菌生长繁殖的适宜 pH 范围约为 6.8~7.2，如 pH 低于 6 或高于 8，其生长繁殖将大受影响。产酸细菌对酸碱度不及产甲烷细菌敏感，其适宜的 pH 范围较广，为 4.5~8.0。产甲烷细菌要求环境介质 pH 在中性附近。在实际运行中，挥发酸控制在高 pH 更为重要，因为当酸量积至足以降低 pH 时，厌氧处理的效果已显著下降。挥发酸本身不毒害产甲烷细菌，但 pH 的下降会抑制产甲烷细菌的生长。在正常运行的消化池中挥发酸（以乙酸计）一般为 200~800mg/L，如超出 2000mg/L，产气率将迅速下降，甚至停止产气。如 pH 过低时，可加石灰或碳酸钠，一般加石灰，但不应加得太多，以免产生 $CaCO_3$ 沉淀。

（2）温度

厌氧生物处理存在两个不同的最佳温度范围（55℃左右，35℃左右）。通常所称的高温厌氧消化和低温厌氧消化即对应这两个最佳温度范围。温度的变化会妨碍产甲烷细菌的活动，尤其是高温消化对温度的变化更为敏感。因此在消化过程中要保持一个相对稳定的消化温度。

（3）有机负荷

厌氧生物处理法的有机负荷通常是指容积有机负荷，即单位有效容积所接受的有机物的量 $[kgCOD/(m^3 \cdot d)]$。厌氧反应器的有机负荷量直接影响反应器的处理效率和产气量。在一定范围内，随着有机负荷的提高，产气量增加，但有机负荷的提高必然导致停留时间的缩短，即进水有机物分解率将下降，从而又会使单位质量进水有机物的产气量减少。

（4）营养物质配比

厌氧微生物的生长繁殖需要按一定的比例摄取碳、氮、磷及其他微量元素。在碳、氮、磷的比例中，碳氮比例对厌氧消化的影响最为重要。厌氧生物处理法中碳、氮、磷的比例控制以（200~300）：5：1 为宜，此比值大于好氧法中的 100：5：1。这与厌氧微生物对碳等养分的利用率较好氧微生物低有关。

（5）水力停留时间

水力停留时间对于厌氧工艺的影响主要是通过上升流速表现出来的。一方面，较高的水流速度可以提高污水系统内进水区的扰动性，从而增加生物污泥与进水有机物之间的接触，提高有机物的去除率。另一方面，为了维持系统中能拥有足够多的污泥，上升流速又不能超过一定限值，否则厌氧反应器的高度就会过高。特别是处理低浓度废水的厌氧处理，水力停留时间是比有机负荷更为重要的工艺控制条件。

2.3.2.3 厌氧生物处理的分类

污水厌氧生物处理工艺按微生物的凝聚形态可分为厌氧活性污泥法和厌氧生物膜法。厌氧活性污泥法包括普通消化法、厌氧接触消化法、升流式厌氧污泥床法（upflow anaerobic sludge blanket，UASB）、厌氧颗粒污泥膨胀床法（EGSB）等；厌氧生物膜法包括厌氧生物滤池法、厌氧流化床法和厌氧生物转盘法。下面就几种常见的厌氧生物处理法做简单介绍。

（1）厌氧接触消化法

厌氧接触消化法适用于处理以溶解性有机物为主的有机废水，适应的 COD 浓度范围为 2000~10^4mg/L，甚至 10^5mg/L，COD 去除率可达 90%~95%；不适合以悬浮有机物为主的废水。因为悬浮有机物为主的废水，经多次回流后，生物难降解的有机物将会在活性污泥中积累并置换厌氧微生物。

厌氧接触消化法的特点是在厌氧消化池后设沉淀池（图 2-9），上清液排除，沉淀污泥回流至消化池，以便增加消化池中的生物量，降低污泥的有机物负荷，加速消化过程，消化池中生物量的多少，可通过回流比进行适当控制，从而可克服传统消化法的缺点。消化池内的污泥浓度（以 MLVSS 计，表示混合液活性污泥中有机固体物质的浓度），一般控制为 3～4g/L。

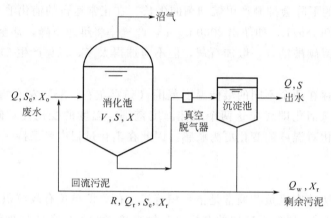

图 2-9　厌氧接触法流程图

废水流量为 Q，其中有机物浓度为 S_e，细菌质量浓度为 X_0。回流比为 R，回流污泥流量为 Q_r，Q 与 Q_r 汇合后进入反应器。

回流污泥中的溶解性有机物浓度为 S_e，细菌质量浓度为 X_r。反应器设置搅拌器，其容积为 V，有机物及细菌浓度分别为 S 及 X。

废弃污泥流量为 Q_w，由于反应器是完全混合的，排出水中所含有机物及细菌浓度也和反应器内的浓度一样，分别为 S 及 X。

（2）升流式厌氧污泥床法（UASB 工艺）

UASB 工艺是在上流式厌氧生物膜法的基础上发展而成，在反应器的上部有一个沼气-液体-污泥分离的三相分离器。通过该三相分离器可以使经厌氧消化处理后的废水、产生的沼气以及厌氧活性污泥有效分离，完成废水外排、沼气收集并输出、沉淀下来的厌氧活性污泥直接回落至反应区。UASB 工艺的工作原理（图 2-10）为待处理的污水从厌氧污泥床的底部流入与污泥层中的污泥接触混合，污泥中的微生物分解污水中的有机物，并把有机物转化成沼气。沼气上升到污泥床的上部，和上层浓度较稀的污泥一起进入三相分离器。沼气碰到分离器下部的反射板时，折向反射板的四周，然后穿过水层进入气室，经导管导出。固液混合液进入三相分离器的沉淀区，污水中的污泥发生絮凝作用，颗粒逐渐增大，并在重力的作用下沉降回厌氧反应区。与污泥分离处理后的出水从沉淀区溢流堰的上部溢出，排出污泥床。

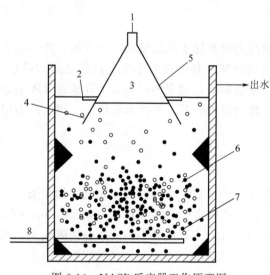

图 2-10　UASB 反应器工作原理图

1—气管；2—出水堰；3—气室；
4—气体反应板；5—三相分离器；
6—污泥悬浮层；7—颗粒污泥层；8—进水层

（3）厌氧生物滤池

厌氧生物滤池是一种淹没式的固定填料

生物膜法。固定床填料常用碎石、卵石、焦炭或塑料制品，粒径为 25～40mm，填料厚度至少 2m。固定填料的颗粒较大，被生物膜所包覆，颗粒之间的空隙也存在悬浮的活性污泥，废水流过时，与生物膜及悬浮的活性污泥充分接触、吸附并降解有机物，截流悬浮固体。该法适用于处理含悬浮可降解有机物（MLVSS）较高的废水。适用 COD 浓度范围为 1000～20000mg/L。为了避免堵塞，可回流部分处理水。

厌氧生物滤池法工艺简单方便，产生的污泥量很少。废水可自下而上或自上而下地通过固定填料床，前者称为升流式生物滤池、后者称为降流式生物滤池（见图 2-11）。如果将升流式厌氧生物滤池的填料床改成两层，下半部不用填料使之成为悬浮污泥层，上半部仍用填料床，成为复合式厌氧生物滤池，则可更有效地避免堵塞并提高处理效率。

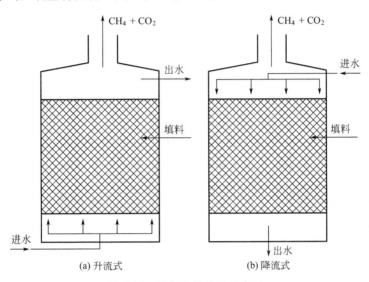

(a) 升流式   (b) 降流式

图 2-11 厌氧生物滤池示意图

（4）厌氧流化床法

厌氧流化床法（图 2-12）是一种高效生物膜处理方法，该法利用厌氧微生物的代谢特性，在不需要提供外源能量的条件下，以被还原的有机物作为受氢体，同时产生具有能源价值的甲烷气体。厌氧流化床载体颗粒细，比表面积大，厌氧微生物以生物膜形式附着在载体表面，并且在反应器内可形成一定高度的颗粒污泥床，大大提高有机物的降解效率。

该处理方法的优点在于处理量大，运行费用低，可以适应各种高含盐、有生物毒性的难降解废水；床内生物膜停留时间长，剩余污泥少；载体处于流动状态，不易发生床层堵塞现象。

2.4 活性污泥法及其净化机理

活性污泥法处理工艺主要由曝气池、二次沉淀池、曝气与空气扩散系统和污泥回流系统等组成（图 2-13）。

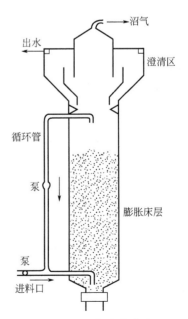

图 2-12 厌氧流化床法

经适当预处理后的污水与二次沉淀池回流的活性污泥同时进入曝气池，由曝气与空气扩散系统送出的空气以小气泡的形式进入污水中，其作用除了向污水充氧外，还使曝气池内的污水、污泥处于剧烈的搅拌状态，活性污泥与污水互相混合、充分接触，使活性污泥反应得以正常进行。

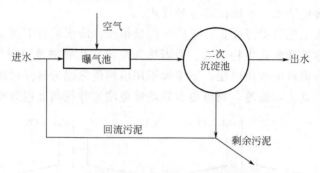

图 2-13　活性污泥法处理工艺

活性污泥反应的结果是污水中有机污染物得到降解和去除，污水得到净化，同时由于微生物的生长和繁殖，活性污泥也得到增长。曝气池中混合液（活性污泥和污水、空气的混合液体）进入二次沉淀池进行沉淀分离，上层出水排放，分离后的污泥一部分返回曝气池，使曝气池内保持一定浓度的活性污泥，其余为剩余污泥，由系统排出。

2.4.1　活性污泥的组成

活性污泥通常为黄褐色絮绒状颗粒，也称为"菌胶团"或"生物絮凝体"，其由有机物和无机物两部分组成，组成比例因污泥性质的不同而异。例如，城市污水处理系统中的活性污泥，其有机成分占 75%～85%，无机成分仅占 15%～25%。活性污泥中的有机成分主要由生长在活性污泥中的微生物组成，这些微生物群体构成了一个相对稳定的生态系统，其中以各种细菌和原生动物为主，也存在着真菌、放线菌、酵母菌以及轮虫等后生动物。

活性污泥中存在大量的细菌，其主要功能是降解有机物，是有机物净化功能的中心。同时，活性污泥中还存在硝化细菌与反硝化细菌，在生物脱氮中起着十分重要的作用。活性污泥中的原生动物和后生动物的数量会随着污水处理的运行条件及处理水质的变化而变化，所以，可以通过显微镜观察活性污泥中的原生动物和后生动物的种类，以此来判断处理水质的好坏。

2.4.2　活性污泥的净化机理

活性污泥能够连续从污水中去除有机污染物，此过程是由以下几个净化阶段完成的。

（1）初期吸附去除

在活性污泥系统内，污水与活性污泥微生物充分接触，形成混合液。污水和污泥在刚开始接触的 5～10min 内就出现了很高的 BOD 去除率，通常 30min 内污水中的有机物被大量去除，这主要是由于活性污泥的物理吸附和生物吸附共同作用的结果。在初期，被污泥吸附的有机物主要是胶体和悬浮性有机物。但被吸附的有机物没有从根本上被转化，通过数小时的曝气后，在胞外酶的作用下，被分解为小分子有机物后才可能被微生物酶转化。

（2）微生物的代谢

在这一阶段活性污泥吸附了污水中呈非溶解状态的大分子有机物后，被微生物的胞外酶分解成小分子的溶解性有机物，与污水中溶解性的有机物一起进入微生物细胞内被降解和转化。一部分有机物质进行分解代谢，氧化为二氧化碳和水，并获得合成新细胞所需的能量；另一部分物质进行合成代谢，形成新的细胞物质。一般来说，自然界中的有机物都可以被某些微生物所分解，多数合成有机物也可以被经过驯化的微生物分解。活性污泥法是多基质多菌种的混合培养系统，其中存在错综复杂的代谢方式和途径，它们相互联系、相互影响。

（3）絮凝体的形成与凝聚沉淀

絮凝体是活性污泥的基本结构，絮凝体形成的主要原因是水中能形成絮凝体的微生物（例如假单胞菌属、大肠埃希菌、动胶菌属等）摄食过程中释放的黏性物质促进凝聚。絮凝体的形成能够防止微型动物对游离细菌的吞噬，并承受曝气等外界不利因素的影响，更有利于与处理水分离。沉淀是混合液中固相活性污泥颗粒同处理水分离的过程。固液分离的好坏，直接影响出水水质。如果处理水挟带生物体，出水 BOD 和 SS 将增大。

2.4.3　活性污泥增长规律

活性污泥微生物是多菌种混合群体，其生长繁殖规律比较复杂，但也可用其增长曲线表示一般规律。活性污泥微生物生长曲线见图 2-14。

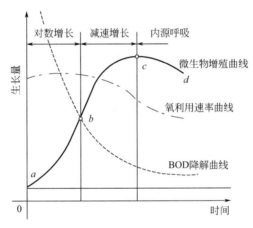

图 2-14　活性污泥微生物生长曲线

活性污泥中 F∶M 值代表污泥中营养物或有机物（F）与微生物（M）的比值。它是活性污泥增长速率、有机物去除速率、氧利用速率、污泥的凝聚吸附性能等的重要影响因素。F∶M 值的不同代表活性污泥处于不同的增长期。活性污泥的生长分为三个时期：对数增长期、减速增长期、内源呼吸期。

（1）对数增长期

当活性污泥中营养物（BOD）与微生物的比值很高（F∶M≥2.2）时，就会出现活性污泥的对数增长期。这时，微生物处在营养过剩中，混合液中的有机物以最大的速率进行氧化和转换成新的微生物细胞而被去除。活性污泥的增长速率与其生物量（MLVSS）呈一级反应，与有机物浓度无关。这期间，活性污泥具有很高的能量水平，微生物处于完全松散状态，污泥的絮凝性和沉淀性很差。此时，由于急剧的代谢作用，需氧量很大。

（2）减速增长期

在营养物不断消耗和新细胞不断合成后，F∶M 值就会急剧降低，直到营养物不再过剩而且成为微生物进一步生长的限制因素时，污泥便从对数增长期过渡到减速增长期，污泥的增长速率将直接与剩下的营养物浓度成比例，有机物去除速率与残存有机物浓度呈一级反应式。在此期间，污泥絮凝体开始形成，污泥的沉降性能提高。

（3）内源呼吸期

活性污泥进一步曝气后，混合液中营养物浓度继续降低，近乎耗尽，当 F：M 值达到最小并维持一常数时，污泥即进入内源呼吸期，这时细菌已不能从其周围获得营养物维持其生命，于是开始代谢自己细胞内的营养物质。随后，细菌在维持其生命中逐渐死亡，并且死亡速率大于生长速率，致使污泥量减少。内源呼吸期，污泥絮凝体形成速率增高，吸附有机物的能力显著增强，出水显著澄清。

2.4.4　活性污泥法的性能指标及运行参数

① 评价活性污泥性能的指标主要有以下几项：

a. 污泥浓度。污泥浓度的大小，可以间接地反映混合液中所含微生物量的多少。污泥浓度是指曝气池中单位体积混合液内所含的悬浮固体（MLSS）或挥发性悬浮固体（MLVSS）的质量，单位为 g/L 或 mg/L。悬浮固体浓度（MLSS）代表污泥中活性的微生物、微生物自身氧化的残留物、吸附在活性污泥上不能被生物降解的有机物和无机物。一般认为，在活性污泥曝气池内常保持 MLSS 浓度在 2～4g/L 为宜。

b. 污泥沉降比。污泥沉降比（SV）是指一定量的曝气池混合液静置 30min 后，沉淀污泥与原混合液体积的百分比，以％表示，即：污泥沉降比（SV）＝混合液经 30min 静置沉淀后的污泥体积/混合液体积×100％。污泥沉降比大致反映了反应器中的污泥量，可用于控制污泥排放，它的变化还可以及时反映污泥膨胀等异常情况。

当活性污泥的凝聚、沉降性能良好时，SV 的大小可以反映曝气池正常运行的污泥量。所以在污水处理厂往往用 SV 来控制污泥排放量。当 SV 超过某个数值时，就应该排泥，使曝气池维持所需的活性污泥的浓度。如果 SV 出现突变，就要查找原因看是否出现故障。工作中常用 SV 作为活性污泥的重要指标，对于一般城市污水，其正常范围在 15％～30％。

c. 污泥容积指数（SVI）。污泥容积指数简称污泥指数，是指曝气池混合液经 30min 沉淀后，1g 干污泥所形成的沉淀污泥的体积，单位为 mL/g，一般不标注。SVI 的计算式为：SVI＝混合液 30min 静置沉淀后污泥容积（mL）/污泥干重（g），即 SVI＝SV30/MLSS。对于生活污水和城市污水，一般控制 SVI 值 70～100 为宜，但根据污水性质不同，这个指标也有差异。如污水中溶解性有机物含量高时，正常的 SVI 值可能较高；相反，污水中含无机性悬浮物较多时，正常的 SVI 值可能较低。

SVI 值比 SV 更能准确地评价活性污泥的凝聚和沉降性能。一般来说，如 SVI 值低，则表明活性污泥沉降性能好；SVI 值高，活性污泥沉降性能差。但是，如 SVI 值过低，污泥颗粒细小而密实，无机化程度高，这时污泥活性和吸附性都较差；如 SVI 值过高，则污泥可能要发生膨胀，这时污泥往往是丝状菌占了优势。通常认为，SVI 值＜100 时，污泥具有良好的沉降性能；当 SVI 值为 100～200 时，污泥沉降性能一般；而当 SVI 值＞200 时，则说明活性污泥的沉降性能较差，已有产生膨胀现象的可能。

② 活性污泥法的设计运行参数包括以下几项：

a. 污泥负荷：单位质量的活性污泥在单位时间内所去除的污染物的量。污泥负荷在微生物代谢方面的含义就是 F/M 比值，单位 kgCOD/（kg 污泥·d）或 kgBOD/（kg 污泥·d）。

b. 污泥龄：曝气池中活性污泥的总量与每日排放的污泥量之比，它是活性污泥在曝气池中的平均停留时间，因此有时也称为生物固体的平均停留时间，单位为 d。

　　c. 有机污染物降解与活性污泥增长。

　　d. 有机污染物降解与需氧量。

　　e. 污泥回流比：曝气池中回流污泥的流量与进水流量的比值。

2.4.5　氧化沟法

　　氧化沟是活性污泥法的一种类型，其曝气池呈封闭的沟渠形，污水和活性污泥混合液在其中循环流动，因此又称为"环形曝气池"。采用氧化沟工艺一般不设初沉池，污水通常在沟渠中循环流动多次，水流速度一般为 0.3~0.5m/s 之间；水力停留时间 10~30h，污泥龄 20~30d，有机负荷很低，一般在 0.05~0.15kgBOD$_5$/（kgMLSS·d）之间，属于延时曝气工艺。由于该工艺选择的泥龄较长，剩余污泥量少于一般的活性污泥法，并且得到了一定程度的好氧稳定，污泥不需要进行厌氧消化处理，从而简化了污泥处理的流程。目前常用的具有一定除磷脱氮功能的氧化沟主要有奥贝尔氧化沟、交替工作式氧化沟、卡鲁塞尔氧化沟、微曝氧化沟等。

　　氧化沟工艺对有机物具有高效的去除率，处理出水水质良好，运行稳定性强，其运行可靠性、稳定性要高于其他生物处理工艺，这除与其较长的停留时间和污泥泥龄有关外，还与氧化沟特有的水力流态这个重要影响因素相关。氧化沟中的废水在曝气装置的搅拌混合作用下在沟内循环流动，实现了完全的均匀混合，由此大大增加了对进水水质波动的适应性。氧化沟处理流程见图 2-15。

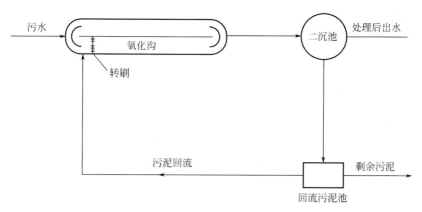

图 2-15　氧化沟处理流程图

　　氧化沟工艺有多种不同的构造形式，平面布置一般为环状渠形，可以为圆形、椭圆形、马蹄形、同心圆形、长方形等，处理系统还可分为单沟和多沟两种形式，多沟系统有些是互相平行、尺寸相同的一组沟渠，有些是一组同心互相连通的沟渠，也可以与二沉池合建。氧化沟的不同组合和构造形式使得其运行较为灵活，可根据不同的处理要求选择不同的运行方式，实现不同的处理目标。

　　处理氧化沟的断面有矩形、梯形、单侧梯形，根据断面和水深的不同，池壁可选钢筋混凝土结构，也可用素混凝土或三合土砌成斜坡，可节省土建费用；氧化沟的曝气设备具有供氧、推动混合液循环流动、防止污泥沉淀及使微生物、有机物和氧气充分混合接触的作用，常用的机械曝气设备有水平轴曝气转刷（或转盘）、垂直表面曝气器，水下曝气设备有射流曝气器、自吸螺旋曝气器、导管式曝气器。随着技术的发展，采用鼓风曝气形式的微孔曝气氧化沟的应用也越来越广泛。

2.5　生物膜法及其净化机理

2.5.1　生物膜法

污水的生物膜处理法是与活性污泥法并列的一种污水好氧生物处理技术。污水中细菌和真菌类的微生物、原生动物和后生动物一类的微型动物附着在填料或某些载体上生长繁育，并在其上形成膜状生物污泥——生物膜。污水与生物膜接触，污水中的有机污染物作为营养物质被生物膜上的微生物所摄取，污水得到净化，微生物自身也得到增殖。

2.5.1.1　生物膜中的微生物

生物膜中的微生物主要有细菌（包括好氧、厌氧及兼氧细菌）、真菌、放线菌、原生动物（主要是纤毛虫）和较高等的生物，其中藻类、较高等生物比活性污泥法多见。微生物沿水流方向在种属和数目上具有一定的分布。在塔式生物滤池中，这种分层现象更为明显。在填料上层以异养细菌和营养水平较低的鞭毛虫或肉足虫为主，在填料下层则可能出现世代期长的硝化菌和营养水平较高的固着型纤毛虫。真菌在生物膜中普遍存在，在条件合适时，可能成为优势种。在填充式生物膜法装置中，当气温较高和负荷较低时，还容易孳生灰蝇，它的幼虫色白透明，头粗尾细，常分布在生物膜表面，成虫后在生物膜周围栖息。

2.5.1.2　生物膜法的分类

生物膜处理法的工艺主要包括生物滤池、生物转盘和生物接触氧化等，以下对三种方法进行简单介绍。

（1）生物滤池

生物滤池由池体、滤料、布水装置和排水系统四个部分组成，滤池的滤料可采用粒径较小的普通的生物滤料如碎石、卵石、炉渣等，也可采用粒径较大的高负荷滤料如卵石、石英砂、花岗岩等。滤料的粒径越小，比表面积越大，处理能力越强，但粒径过小，孔隙率降低，易被生物膜堵塞。目前常用的滤料为粒径较大的高负荷塑料滤料，这类滤料重量轻、强度高、耐腐蚀、比表面积和孔隙率都较大。布水装置的目的是将废水均匀地喷洒在滤料上，目前常用的布水系统包括固定式布水装置、旋转式布水装置。普通生物滤池多采用固定式布水装置，高负荷生物滤池和塔式生物滤池则常用旋转布水装置。排水系统的作用是收集、排出处理后的废水和保证良好的通风，排水系统主要由渗水顶板、集水沟和排水渠组成。见图2-16。

生物滤池是以土壤自净原理为依据，在污水灌溉的实践基础上，经较原始的间歇砂滤池和接触滤池而发展起来的人工生物处理技术。生物滤池中，污水长时间以滴状喷洒在块状填料层的表面，在污水流经的表面上就会形成生物膜，待生物膜成熟后，栖息在生物膜上的微生物即摄取流经污水中的有机物作为营养，从而使污水得到净化。

进入生物滤池的污水，需通过预处理去除原污水中的悬浮物等能够堵塞填料的污染物，并使水质均化。因此，处理城市污水的生物滤池前要设初次沉淀池。填料上的生物膜，不断脱落更新，脱落的生物膜随处理水流出，生物滤池后也应设沉淀池（二次沉淀池）予以截留（图2-17）。

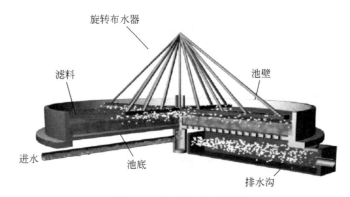

图 2-16　生物滤池示意图

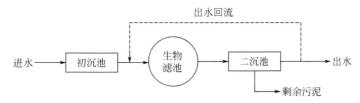

图 2-17　生物滤池的基本流程

（2）生物转盘

生物转盘设备是由盘片、转轴和驱动装置以及接触反应槽三部分组成，接触反应槽内充满污水，转盘交替地和空气与污水相接触。生物转盘每转动一圈即完成一个吸附-氧化周期。

生物转盘运行一段时间后，转盘上将附着一层栖息着大量微生物的生物膜。微生物的种属组成逐渐稳定，其新陈代谢功能也逐步地发挥出来，并达到稳定的程度。转盘上附着的生物膜会逐渐增厚，在其内部形成厌氧层，并开始老化。老化的生物膜在污水水流与盘面之间产生的剪切力的作用下而剥落，剥落的破碎生物膜在二次沉淀池内被截留。

同生物滤池相比，生物转盘法中废水和生物膜的接触时间比较长，而且有一定的可控性。水槽常分段，转盘常分组，既可防止短流，又有助于负荷率和出水水质的提高，因负荷率是逐级下降的。生物转盘如果产生臭味，可以加盖。生物转盘一般用于水量不大时。

（3）生物接触氧化

生物接触氧化是一种介于活性污泥法与生物滤池两者之间的生物处理技术。也可以说是具有活性污泥法特点的生物膜法，兼具两者的优点。生物接触氧化处理技术的实质之一是在池内充填填料，已经充氧的污水浸没全部填料，并以一定的流速流经填料。在填料上长满生物膜，污水与生物膜接触，在生物膜上微生物新陈代谢的作用下，污水中的有机污染物得到去除，污水得到净化。因此，生物接触氧化处理技术，又称为"淹没式生物滤池"。见图2-18。

2.5.2　生物膜法的净化机理

生物膜法处理废水就是使废水与生物膜接触，进行固相、液相的物质交换，利用膜上微生物将有机物氧化，使废水获得净化。生物膜中物质传递过程见图2-19所示。

生物膜的结构包括滤料-厌氧层-好氧层-附着水层-流动水层，废水流过生物膜时，有机物经附着水层向膜内扩散。膜内微生物在氧的参与下对有机物进行分解和机体新陈代谢。代

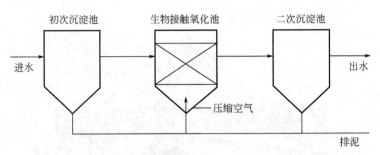

图 2-18　生物接触氧化法的基本流程

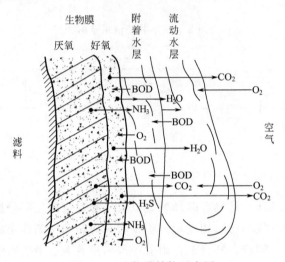

图 2-19　生物膜结构示意图

谢产物沿底物扩散相反的方向，从生物膜传递返回水相和空气中。

随着废水处理过程的发展，微生物不断生长繁殖，生物膜厚度不断增大，废水底物及氧的传递阻力逐渐加大，在膜表层仍能保持足够的营养以及处于好氧状态，而在膜的深处将会出现营养物或氧的不足，造成微生物内源代谢或出现厌氧层，此处的生物膜因与载体的附着力减小及水力冲刷作用而脱落。老化的生物膜脱落后，载体表面又可重新吸附、生长、增厚生物膜直至重新脱落。从吸附到脱落，完成一个生长周期。在正常运行情况下，整个反应器的生物膜各个部分总是交替脱落的，系统内活性生物膜数量相对稳定，膜厚 2～3mm，净化效果良好。过厚的生物膜并不能增大底物利用速度，却可能造成堵塞，影响正常通风。因此，当废水浓度较大时，生物膜增长过快，水流的冲刷力也应加大，如依靠原废水不能保证其冲刷能力时，可以采用处理出水回流，以稀释进水和加大水力负荷，从而维持良好的生物膜活性和合适的膜厚度。

2.6　污水的可生化性

污水的可生化性是指污水中所含的有机污染物，在微生物的代谢作用下改变化学结构，从复杂的大分子物质转变为简单的小分子物质，从而改变化学和物理性能所能达到的生物降解程度。研究有机物的可生化性的目的在于：了解其分子结构能否在微生物作用下分解为环境所允许的结构形态，以及是否有足够快的分解速度。如果污水中的有机物不能被微生物降解，生物处理则不能获得良好的效果。因此，评价污水的可生化性是设计污水生化处理工程的前提条件。

2.6.1　污水可生化性的评价

常用的评价污水的可生化性方法如下。

（1）水质标准法

BOD_5 和 COD 作为污水有机污染物的综合指标，两者都反映污水中有机物在氧化分解时所消耗的氧量。BOD_5 是有机物在微生物作用下氧化分解所需的氧量，它代表污水中可生物降解的那部分有机物；COD 是有机物在化学氧化剂作用下分解所需的氧量，当采用重铬酸钾为氧化剂时，一般可近似认为 COD 测定值代表了污水中的全部有机物。

一般认为，BOD_5/COD 的值大于 0.45 时，该污水的可生化性好，适宜生化处理；如该值为 0.2 左右，说明废水中含有大量难降解有机物，这种废水可否采用生化处理法处理，还需看微生物驯化后，能否提高此比值才能判定；此值接近于零时，采用生化处理是比较困难的。表 2-1 所列数据可供评价污水的可生化性时参考。实际中要注意采用 BOD_5/COD 一类的指标，对于生活污水及其相类似的污水似乎是适用的。对于工业废水尤其是有毒工业废水，由于 BOD_5 不反映废水中有害及有毒物质的作用，利用 BOD_5/COD 可能会造成错误的结论。

表 2-1　污水可生化性评价参考数据

BOD_5/COD	>0.45	0.3~0.45	0.2~0.3	<0.2
可生化性	好	较好	较难	不宜

（2）微生物耗氧速率法

用微生物耗氧速率法评价有机物的可生化性时，必须对污泥的来源、浓度、驯化、有机物浓度、反应温度等条件作严格规定。测定耗氧速率的仪器有瓦勃式呼吸仪及溶解氧测定仪。好氧微生物与有机物接触后，在其代谢过程中需要消耗氧。表示耗氧速率随时间变化的曲线，称为耗氧曲线。处于内源呼吸期的生物活性污泥的耗氧曲线称为内源呼吸耗氧曲线，投加有机物后的耗氧曲线称为基质耗氧曲线。一般用基质耗氧速率与内源呼吸速率的比值来评价有机物的可生化性。

（3）脱氢酶活性法

活性污泥或生物膜中微生物所产生的各种酶，能够催化污水中各种有机物进行氧化还原反应。其中脱氢酶类能使被氧化有机物的氢原子活化并传递给特定的受氢体，单位时间内脱氢酶活化氢的能力表现为它的活性。可以通过测定微生物的脱氢酶活性来评价污水中有机物的可生化性。

2.6.2　提高污水可生化性的途径

从水污染控制的角度出发，不仅要求污水中的污染物质在生化处理过程中可以被微生物所分解，而且还要求达到一定的净化程度。特别是对于成分复杂的污水，要求其污染物质的残留量达到环境可接受的浓度。因此，污水的可生化性是衡量该污水是否能采用生化处理法的重要因素。

为了达到防止水环境污染的目标，需要研究和采取措施，提高污水的可生化性。提高污水可生化性的途径有以下几种。

（1）严格控制工业废水的水质

在工业企业内部加强技术改造，推行清洁生产，通过生产工艺的改进和原料的改变、循环利用以及操作管理的强化等措施，将污染物尽可能地消灭在生产过程之中，使污水排放量减到最少。在生产工艺中尽量不采用难被微生物降解的原料和半成品，控制工业废水水质。例如，合成洗涤剂，用易生物降解的烷基芳基酸盐（软性洗涤剂，LAS）代替难于生物降解的烷基苯磺酸盐（硬性洗涤剂，ABS）；电镀废水闭路循环，防止重金属离子对生化处理的毒害等。

（2）加强预处理措施

工业废水往往含有一些干扰生化处理的物质，必须加强预处理以提高其可生化性。如丙烯腈生产废水，经加压水解，生成相应的有机酸和氨；炼油厂、焦化厂、煤气发生站废水的隔油；有机磷农药废水采用活性炭吸附；废水的均质调节等都是提高可生化性的必要措施。

（3）研究新型、高效、稳定的生化处理工艺

近年来，涌现出许多生化处理新工艺，如生化处理与物化处理结合的工艺，对于抵抗处理过程中有害物质的抑制，提高处理能力和处理深度、稳定处理过程等方面，具有显著的作用；厌氧水解与好氧生化结合，利用水解和产酸微生物，将污水中的难溶、大分子和不易生物降解的有机物转化为易于生物降解的小分子有机物，从而提高污水的可生化性，使得污水在后续的好氧单元以较少的能耗和较短的停留时间得到处理。由于厌氧水解具有改善污水可生化性的特点，使得本工艺不仅适用于城市污水处理，同时更适用于处理不易降解的某些工业废水，如纺织印染废水、焦化废水、酿造废水、化工废水和造纸废水等。

（4）应用微生物遗传工程技术

① 诱变育种与基因工程。微生物易受环境因素的影响而产生突变体，可以促使微生物合成新的酶类，赋予微生物新的性状功能，包括降解、转化污染物质的功能。在自然状态下，突变频率较低，并且时间较长。因此，可采用人工诱变育种的方法或基因工程构建新的、可降解特定污染物的"工程菌"，用于环境污染的治理。例如，现已构建出能同时降解氯化芳香化合物和甲基芳香化合物的"工程菌"，以及能高效降解尼龙寡聚物 6-氨基己酸环状二聚体的"工程菌"等。

② 降解性质粒。微生物降解、转化污染物的功能是受细胞内的质粒所控制的。筛选具有降解性质的质粒是处理难降解污染物的重要工作。现已发现许多这样的质粒，如降解直链烷烃的质粒、降解甲苯质粒、耐汞质粒等。

污水的生化处理过程中，除了有机污染物提供碳源外，还需要按适当的比例供给氮、磷等营养物质，并且只有在适宜的溶解氧、pH、温度等条件下，以及没有有毒物质抑制的情况下，微生物才能很好地发挥降解、转化作用。在多数情况下，最终要通过驯化微生物获得高效菌株，实现污染物的降解、转化而彻底解决问题。

2.7 【实训项目】某住宅小区生活污水处理项目

2.7.1 概况

（1）项目简介

某住宅小区，每天产生生活污水 12000m³，处理后的污水达到《城市污水再生利用 景观环境用水水质》标准（GB/T 18921—2002）"观赏性景观环境用水中的水景类水质"标准

后回用于整个小区的绿化，根据环保部门的有关规定，必须配备生活污水的处理设施，并与主体工程同时设计、同时施工、同时竣工投入使用，确保污水处理达标排放。

（2）设计规模

$$Q（进水量）＝12000 m^3/d$$

（3）进水水质

如表 2-2 所示。

表 2-2　设计进水水质　　　　　　mg/L（pH 无量纲）

项目	pH	COD_{Cr}	BOD_5	SS	NH_3-N	TP
水质情况	6～9	300	150	150	25	1.5

（4）排放水质

根据建设方及环评要求，本项目的生活污水处理出水达到《城市污水再生利用 景观环境用水水质》（GB/T 18921—2002）中的观赏性景观环境用水中的水景类水质，如表 2-3 所示。

表 2-3　设计排放水质　　　　　　mg/L（pH 无量纲）

项目	pH	BOD_5	SS	NH_3-N	色度	TP
水质情况	6～9	6	10	5	30	0.5

（5）水质分析

从污水水质情况以及出水要求分析，对水体中的氨氮、总磷必须进行加强处理。生活污水需进行生化二级处理，并且有硝化脱磷（去除氨氮的要求）功能。

① BOD_5/COD：该指标是鉴定污水可生化的最简便易行和最常用的指标，本项目 $BOD_5/COD＞0.50$，可采用生物处理方法。

② BOD_5/TN：该指标是鉴别能否采用生物硝化工艺的主要指标，$BOD_5/TN＞2$ 时硝化过程能够正常进行。本项目污水可采用生物硝化工艺。

（6）工艺比选

经过对各种污水处理工艺进行分析，定性分析各种工艺机理及优缺点，针对本项目的具体情况，建议采用埋地式，采用工艺成熟、操作维修简单、占地面积少、污泥产量少的工艺，因此筛选出"改良型 CASS 工艺"。见图 2-20。

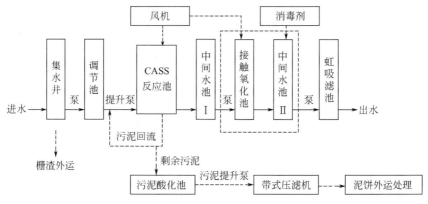

图 2-20　生活污水处理工艺流程

调节池内的污水经提升泵提升到 CASS 反应池的预反应区，在预反应区内，微生物能通过酶的快速转移机理迅速吸附污水中大部分可溶性有机物，经历一个高负荷的基质快速积累过程，这对进水水质、水量、pH和有毒有害物质起到较好的缓冲作用，同时对丝状菌的生长起到抑制作用，可有效防止污泥膨胀；随后在主反应区经历一个较低负荷的基质降解过程。CASS工艺集反应、沉淀、排水功能于一体，污染物的降解在时间上是一个推流过程，而微生物则处于好氧、缺氧、厌氧周期性变化之中，从而达到对污染物的去除作用，同时还具有较好的脱氮、除磷功能。连续进水，间歇通过设在CASS反应池尾的滗水器进行排水。本工艺采用鼓风曝气方式。水泵、风机以及滗水器的起停或切换分别由水位控制器及可编程控制器（PLC）自动控制。

（7）CASS工艺介绍

CASS工艺是于1968年由澳大利亚开发的一种间歇运行的循环式活性污泥法，是SBR工艺的一种变型。1976年建成了世界上第一座CASS工艺的污水处理厂，随后在日本、加拿大、美国和澳大利亚等得到了广泛的推广应用。目前，在全世界已建成投产了300座CASS工艺污水处理厂。1986年美国环保局正式将该工艺列为革新技术。1988年，在计算机技术的支持下，该工艺进一步得到发展和推广，成为目前计算机控制系统非常先进的生物脱氮除磷工艺。每个CASS反应器由三个区域组成，即生物选择区、兼氧区和主反应区。生物选择区是设置在CASS前端的小容积区（容积约为反应器总容积的10%），水力停留时间为0.5~1h，通常在厌氧或兼氧条件下运行。生物选择器是根据活性污泥反应动力学原理而设置的。通过主反应区污泥的回流并与进水混合，不仅充分利用了活性污泥的快速吸附作用而加速对溶解性底物的去除，并对难降解有机物起到良好的水解作用，同时可使污泥中的磷在厌氧条件下得到有效的释放。在完全混合反应区之前设置选择器，还有利于改善污泥的沉降性能，防止污泥膨胀问题的发生。此外，选择器中还可发生比较显著的反硝化作用（回流污泥混合液中通常含2mg/L左右的硝态氮），其所去除的氮可占总去除率的20%左右。选择器可定容运行，亦可变容运行，多池系统中的进水配水池也可用作选择器。由主反应区向选择区回流的污泥量一般以每天将主反应器中的污泥全部循环一次为依据而确定其回流比。

兼氧区不仅具有辅助生物选择区对进水水质水量的缓冲作用，同时还具有促进磷的进一步释放和强化氮的硝化/反硝化的作用。

主反应区是最终除去有机底物的主场所。运行中，通常将主反应区的曝气强度加以控制，以使反应区内处于好氧状态，而活性污泥结构内部则基本处于缺氧状态，溶解氧向污泥絮体的传递受到限制，而硝态氮从污泥内向主体溶液的传递不受限制，从而使主反应区中同时发生有机污染物的降解以及同步硝化和反硝化作用。污水连续不断地进入选择区，微生物通过酶的快速转移机理，迅速吸附污水中约85%的可溶性有机物，经历一个高负荷的基质快速增长过程，对进水水质、水量、pH和有毒有害物质起到较好的缓冲作用，污水再通过隔墙底部的连接口进入主反应池，经历一个较低负荷的基质降解过程，并完成泥水分离。CASS工艺的运行模式与传统SBR法类似，由进水、反应、沉淀和出水及必要的闲置五个阶段组成。从进水到出水结束作为一个周期，每一过程均按所需的设定时间进行切换操作，其每一个周期的循环操作过程如下：

① 充水/曝气。在曝气时同时充水，充水/曝气时间一般占每一循环周期的50%，如果循环周期为4h，则充水/曝气时间为2h。

② 沉淀。停止进水和曝气，沉淀时间一般采用1h，形成凝絮层，上层为清液。高水位时MLSS约为3.0~4.0g/L，沉淀后可达10g/L。

③ 滗水。继续停止进水和曝气，用表面滗水器排出，滗水器为整个系统中的关键设备，滗水器根据事先设定的高低水位由限位开关控制，可用变频电机驱动，有防浮渣装置，使出水通过无渣区经堰板和管道排出。

④ 闲置。在实际运行中，滗水所需时间小于理论时间，在滗水器返回初始位置3min后即开始为闲置阶段，此阶段可充水。

在CASS系统中，一般至少设两个池子，以使整个系统能接纳连续的进水，因此在第一个池子进行沉淀和滗水时，第二个池子中进行充水/曝气过程，使两个池子交替运行。为防止进水对沉淀的干扰和对出水水质的影响，一般在沉淀和滗水时必须停止进水和曝气。在设有四个CASS池子的系统中，通过选择各个池子的循环过程可以产生连续的进出水。对于四个池子的CASS工艺，若采用4h循环周期，其循环运行的相关顺序如表2-4所示。

表 2-4 CASS 工艺运行顺序

0h	1h	2h	3h	4h
冲水/曝气	冲水/曝气	沉淀	滗水	池子1
沉淀	滗水	冲水/曝气	冲水/曝气	池子2
滗水	冲水/曝气	冲水/曝气	沉淀	池子3
冲水/曝气	沉淀	滗水	冲水/曝气	池子4

每个循环周期中，始终有两个池子处于充水/曝气阶段，另两个池子分别处于沉淀和滗水阶段，沉淀和滗水阶段均需停止充水和曝气，这样的组合可以实现CASS系统的连续出水。与传统的污泥法相比，CASS工艺有下述特点。

① 出水水质好。污水流入预反应区，活性污泥在高负荷条件下强化了生物吸附作用，并促使微生物的增殖，有效地抑制了丝状菌的繁殖。整个反应池内微生物一直可保持较高浓度，低水位时其MLSS常控制在4~5g/L，低食料比使处理过程较为稳定。池内污水的流速为0.03~0.05m/min。即使有一小部分水在滗水阶段后期进入主反应池，也因经过污泥沉降层的阻挡而改变了运行的方向，不会形成短流。反应池在沉淀时起沉淀作用。由于此阶段已停止曝气，只有进水而无出水，因此沉淀过程处于半静止状态。其水力负荷为0.3~0.5m³/（m²·h），固体表面负荷值为10~15kg/（m²·h）。因此污泥沉淀时间充分，固液分离效率高。

② 对冲击负荷的适应性强。CASS反应池可以通过调节池周期来适应进水量和水质的变化。已有的运行资料表明，在流量冲击和有机负荷冲击超过设计值2~3倍时，处理效果仍然令人满意。

③ 活性污泥性能好。已有的运行资料表明，SBR工艺中活性污泥沉降指数SVI均小于150，已建成的处理厂中从未发生污泥膨胀的异常现象。

④ 能耗低。CASS技术是一种改进的延时曝气系统，运行时，曝气时间短，氧利用率高，且无污水回流设备，故其能耗较低。

（8）CASS工艺设计参数

CASS池功能：通过控制合适的曝气、停气，为硝化细菌和反硝化细菌创造了适宜的反硝化脱氮条件。此外还利用污泥在厌氧和好氧的不同环境中吸收和贮藏磷的能力达到除磷的目的。具体设计参数见表2-5。

表 2-5　CASS 工艺单元设计参数

设计参数
CASS 池
外形尺寸：$L \times B \times H = 44.0\text{m} \times 50.0\text{m} \times 6.0\text{m}$
数量：4 座
结构形式：钢筋混凝土结构
地埋式
主要设备
1. 污泥回流泵
规格：$Q = 250\text{m}^3/\text{h}, H = 10\text{m}, N = 11\text{kW}$
数量：4 台
2. 滗水器
规格：滗水流量 $Q = 800\text{m}^3/\text{h}$，滗水深度 $H = 1.40\text{m}$
数量：4 台
3. 气动阀门
规格：$\Phi600$
数量：4 个
4. 空气压缩机
规格：$N = 5.5\text{kW}$
数量：1 台
5. 盘式微空曝气池
规格：$\Phi240$
数量：5330 个

2.7.2　CASS 工艺单元设计

（1）CASS 工艺的设计要点

CASS 反应区的主要设计参数如下。

① MLSS 浓度：$2500 \sim 5000\text{mg/L}$；

② 污泥负荷：$0.1 \sim 0.2\text{kgBOD}_5/(\text{kgMLSS} \cdot \text{d})$；

③ 设计水深：$3 \sim 5\text{m}$（最大设计水深 $5 \sim 6\text{m}$）；

④ 充水比：30% 左右；

⑤ 安全高度（活性污泥界面以上最小水深）：0.5m；

⑥ 混合液回流比：$20\% \sim 30\%$；

⑦ 溶解氧浓度：好氧主反应区 $\geqslant 2.0\text{mg/L}$；缺氧区 $\leqslant 0.5\text{mg/L}$；厌氧生物选择区 0mg/L；

⑧ 固液分离时间，60min；最大上清液滗除速率，30mm/min；

⑨ SVI：$100 \sim 150\text{mL/g}$；

⑩ 单循环时间：曝气 2h、沉淀 1h、排水 1h，一个周期共 4h。

（2）CASS 工艺的设计步骤

本项目进水量 $Q = 12000\text{m}^3/\text{d}$，设计进水水质见表 2-2，设计出水水质见表 2-3。

① 确定设计参数　反应池个数 $N = 4$，反应池水深 $H = 4\text{m}$，污泥浓度（MLSS）$X = 3000\text{mg/L}$，充水比 $\lambda = 0.3$，安全高度 $h_f = 1.0\text{m}$，不可降解和惰性悬浮物占 TSS 的 50%，有机基质降解速率常数 $K_2 = 0.018\text{d}^{-1}$，污泥产率系数 $Y = 0.6\text{kg/kgBOD}_5$，内源呼吸代谢系数 $K_d = 0.06\text{d}^{-1}$，剩余污泥含水率 $P_A = 99.2\%$。

② 确定污泥负荷

a. 估算出水溶解性 BOD_5

$$S_e = S_z - 7.1 K_d f c_e = 6 - 7.1 \times 0.06 \times 0.75 \times 10 = 2.8 \ (mg/L)$$

$$\eta = \frac{S_0 - S_e}{S_0} = \frac{150 - 2.8}{150} \times 100\% = 98.1\%$$

式中　S_e——出水溶解性 BOD_5 浓度，mg/L；

　　　S_z——出水总 BOD_5，mg/L；

　　　K_d——内源呼吸代谢系数，d^{-1}；

　　　S_0——进水 BOD_5 浓度，mg/L；

　　　f——出水 SS 中 VSS 所占比例，一般取 0.75；

　　　c_e——出水 SS 浓度，mg/L；

　　　η——BOD_5 去除率，%。

b. 污泥负荷

$$L_s = \frac{K_2 S_e f}{\eta} = \frac{0.018 \times 2.8 \times 0.75}{98.1\%} = 0.04 \ [kgBOD_5/(kgMLSS \cdot d)]$$

式中　L_s——污泥负荷，$kgBOD_5/(kgMLSS \cdot d)$；

　　　K_2——有机基质降解速率常数，d^{-1}；

其他符号含义同上。

（3）确定周期内各工序运行时间

① 曝气时间

$$T_A = \frac{24 \lambda S_0}{L_s X} = \frac{24 \times 0.25 \times 150}{0.15 \times 3000} = 2 \ (h)$$

式中　T_A——曝气时间；

　　　λ——充水比；

　　　S_0——进水 BOD_5 浓度，mg/L；

　　　L_s——污泥负荷，$kgBOD_5/(kgMLSS \cdot d)$；

　　　X——污泥浓度（MLSS），mg/L。

② 泥水界面的初期沉降速率（v_{max}）

$$v_{max} = 7.4 \times 10^4 t X^{-1.7} = 7.4 \times 10^4 \times 24 \times 3000^{-1.7} = 2.18 \ (m/h)$$

单个周期内的沉淀时间：

$$T_s = \frac{\lambda H + h_f}{v_{max}} = \frac{0.25 \times 4 + 1.0}{2.18} = \approx 1 \ (h)$$

式中　T_s——单个周期内的沉淀时间；

　　　λ——充水比；

　　　H——反应池内水深，m；

　　　h_f——安全高度，m；

　　　v_{max}——泥水界面的初期沉降速率，m/h。

③ 根据滗水器的性能，排水时间设定为 $T_D = 1h$。

④ 反应池一个周期所需要的时间（T）

$$T = T_A + T_s + T_D = 2 + 1 + 1 = 4 \ (h)$$

⑤ 周期数（n）

$$n = 24/T = 24/4 = 6$$

⑥ 进水时间（T_F）

$$T_F = T_A = 2 \text{ (h)}$$

（4）计算反应器容积

① 体积（V）计算法

$$V = \frac{Q}{\lambda N n} = \frac{12000}{0.25 \times 4 \times 6} = 2000 \text{ （m}^3\text{）}$$

式中　λ——充水比；

　　　n——周期数；

　　　N——池子个数。

② 复核污泥负荷

$$L_s = \frac{Q S_0}{e V X} = \frac{12000 \times 150}{0.5 \times 4 \times 2000 \times 3000} = 0.15 \text{ [kgBOD}_5 \text{ / （kgMLSS·d）]}$$

式中　S_0——进水 BOD_5 浓度，mg/L；

　　　e——曝气时间比，$e = n T_A / 24$；

　　　V——单个池子体积，m³；

　　　X——污泥浓度（MLSS），mg/L。

经计算，反应池的 BOD_5 负荷满足设计要求。

（5）计算反应池的尺寸

采用微孔曝气反应池，共 4 座 CASS 池，单池容积为 2000m³，反应池内水深为 4m，设超高为 0.5m，则反应池的总高度为 4.5m，计算单个反应池的面积为 2000/4＝500m²，则设单池长为 35m、池宽为 15m。

① 滗水水深，设计最高水位至滗水最低水位之间的水深（H_1）。

$$H_1 = \frac{Q}{n N A} = \frac{12000}{6 \times 4 \times 400} = 1.25 \text{ （m）}$$

式中　n——周期数；

　　　N——池子个数，个；

　　　A——单池的表面积，m²。

② 安全高度，滗水最低水位和污泥界面之间的水深（H_2）。

$$H_2 = h_f = 1.0 \text{ （m）}$$

式中　h_f——安全高度，m。

③ 活性污泥层的高度水深（H_3）

$$H_3 = H - H_1 - H_2 = 4 - 1.25 - 1.0 = 1.75 \text{ （m）}$$

④ 校核上清液滗水速率（v'）

$$v' = \frac{H_1}{T_D} = \frac{1.25 \times 1000}{60} = 20.83 \text{ （mm/min）}$$

经复核，上清液滗水速率为 20.83mm/min，满足设计参数。

⑤ 校核 SVI 值

$$SVI = \frac{H_3}{H X} \times 1000 = \frac{1.75 \times 1000}{4 \times 3} = 145 \text{ （mL/g）}$$

式中　H_3——活性污泥层的高度水深，m；

H——反应池内水深，m；

X——污泥浓度（MLSS），mg/L。

经复核，污泥 SVI 值为 145mL/g，满足设计参数，说明污泥沉降性能良好。

⑥ CASS 池分区设置。CASS 池设置 2 道隔墙，将池体分为生物选择区、缺氧区、好氧区，各反应区体积比为 1∶5∶30。

（6）曝气池需氧量计算

① 需氧经验系数（O_2）法

$$O_2 = bQS_0 = 1 \times 12000 \times 150 \times 10^{-3} = 1800 \ (kg/d)$$

式中　b——碳化需氧量经验系数，$kgO_2/kgBOD_5$；

S_0——进水 BOD_5 浓度，mg/L。

② 每座反应池每周期每小时所需氧气量（O_2'）

$$O_2' = \frac{O_2}{NnT_A} = \frac{1800}{4 \times 6 \times 2} = 37.5 \ (kg/h)$$

式中　n——周期数；

N——池子个数，个；

T_A——曝气时间，h。

（7）污泥量计算

① 污泥回流量（Q_R）。设污泥回流比为 20%，则每小时回流的污泥量为：

$$Q_R = \frac{0.2Q}{nN \dfrac{T_A}{T}} = \frac{0.2 \times 12000}{6 \times 2 \times \dfrac{2}{4}} = 400 \ (m^3/h)$$

式中　n——周期数；

N——池子个数，个；

T_A——曝气时间，h；

T——为周期时间，h。

② 剩余污泥量（ΔX）。采用污泥经验产率系数法：

$$\Delta X = aQTSS_0 = 1 \times 12000 \times 150 \times 10^{-3} = 1800 \ (kg/d)$$

式中　a——污泥干固体产率系数，kgMLSS/kgSS；

TSS_0——进水中悬浮固体浓度，mg/L。

湿污泥量（Q_s）：

$$Q_s = \frac{\Delta X}{1000 \ (1-P)} = \frac{1800}{1000 \times (1-0.992)} = 225 \ (m^3/d)$$

式中　P——湿污泥含水率。

（8）滗水器计算

每座反应池的排水负荷（O'）为：

$$O' = \frac{Q}{NnT_D} = \frac{12000}{4 \times 6 \times 60} = 8.33 \ (m^3/min)$$

每座反应池设置 1 台滗水器，并考虑单个周期内最大进水量变化比，则每台的排水负荷（O''）为：

$$O'' = 1.5 \times 8.33 = 12.5 \ (m^3/min)$$

2.7.3　CASS 工艺运行管理

（1）反应池运行管理

① 巡视。指每班人员必须定时到处理装置规定位置进行观察、检测，以保证运行效果。

② 二沉池观察污泥状态。主要观察二沉池泥面高低、上清液透明程度，有无漂泥，漂泥粒大小等。

a. 上清液清澈透明：运行正常，污泥状态良好。

b. 上清液浑浊：负荷高，污泥对有机物氧化、分解不彻底。

c. 泥面上升：污泥膨胀，污泥沉降性差。

d. 污泥成层上浮：污泥中毒。

e. 大块污泥上浮：沉淀池局部厌氧，导致污泥腐败。

f. 细小污泥漂浮：水温过高、C/N 不适宜、营养不足等原因导致污泥解絮。

③ 曝气池观察。曝气池全面积内应为均匀细气泡翻腾，污泥负荷适当。运行正常时，泡沫量少，泡沫呈新鲜乳白色。曝气池中有成团气泡上升，表明液面下有曝气管或气孔堵塞；液面翻腾不均匀，说明有死角；污泥负荷高，水质差，泡沫多；泡沫呈白色，且数量多，说明水中洗涤剂多；泡沫呈茶色、灰色说明泥龄长或污泥被打破吸附在泡沫上，应增加排泥；泡沫呈其他颜色，说明水中有染料类物质或发色物污染；负荷过高，有机物分解不完全，气泡较黏，不易破碎。

④ 污泥观察。生化处理中除要求污泥有很强的"活性"，具有很强氧化分解有机物能力外，还要求有良好沉降凝聚性能，使水经二沉池后彻底进行"泥"（污泥）"水"（出水）分离。观察指标包括以下几项。

a. 污泥沉降性 SV30，是指曝气池混合液静止 30min 后污泥所占体积，体积少，沉降性好，城市污水厂 SV30 常在 15%～30% 之间。

b. 污泥沉降性能还与其他几个指标有关，包括污泥体积指数（SVI）、混合液悬浮物浓度（MLSS）、混合液挥发性悬浮物浓度（MLVSS）、出水悬浮物浓度（ESS）等。

c. 测定水质指标：BOD/COD 之值是衡量生化性的重要指标，BOD/COD≥0.25 表示可生化性好，BOD/COD≤0.1 表示生化性差。进出水 BOD/COD 变化不大，BOD 也高，表示系统运行不正常；反之，出水的 BOD/COD 比进水 BOD/COD 下降快，说明运行正常。出水悬浮物浓度（ESS）高，ESS≥30mg/L 时表示污泥沉降性能不好，应找出原因进行纠正，ESS≤30mg/L 则表示污泥沉降性能良好。

⑤ 曝气池控制主要因素

a. 维持曝气池合适的溶解氧，一般控制为 1～4mg/L，正常状态下监测曝气池出水端 DO 值以 2mg/L 为宜。

b. 保持水中合适的营养比，C（BOD）∶N∶P=100∶5∶1。

c. 维持系统中污泥的合适数量，控制污泥回流比，依据不同运行方式，回流比在 0～100% 之间，一般不少于 30%～50%。

（2）污泥性状异常及分析

① 曝气池有臭味：曝气池供氧不足，DO 值低；出水氨氮有时偏高，增加供氧，使曝气池出水 DO 值高于 2mg/L。

② 污泥发黑：曝气池 DO 值过低，有机物厌氧分解析出 H_2S，其与 Fe 生成 FeS；可增加供氧或加大污泥回流。

③ 污泥变白：丝状菌或固着型纤毛虫大量繁殖，如有污泥膨胀，参照污泥膨胀对策；进水 pH 过低，曝气池 pH≤6 丝状型菌大量生成，可提高进水 pH。

④ 沉淀池有大块黑色污泥上浮：沉淀池局部积泥厌氧，产生 CH_4、CO_2，气泡附着于泥粒使之上浮，出水氨氮往往较高，应防止沉淀池有死角，排泥后死角处用压缩空气冲或用高压水清洗。

⑤ 二沉池泥面升高，初期出水特别清澈，流量大时污泥成层外溢：SV＞90％，SVI＞20mg/L 污泥中丝状菌占优势，污泥膨胀；可投加液氯，提高 pH，用化学法杀死丝状菌；投加颗粒炭、黏土、消化污泥等活性污泥"重量剂"；提高 DO 值；间歇进水。

⑥ 二沉池泥面过高：丝状菌未过量生长 MLSS 值过高；可增加排液。

⑦ 二沉池表面积累一层解絮污泥：微型动物死亡，污泥絮解，出水水质恶化，COD、BOD 上升，活性污泥呼吸耗氧速率（OUR）低于 $8mgO_2/$（gVSS·h），进水中有毒物浓度过高，或 pH 异常；可停止进水，排泥后投加营养物，或引进生活污水，使污泥复壮，或引进新污泥菌种。

⑧ 二沉池有细小污泥不断外漂：污泥缺乏营养使之 OUR＜$8mgO_2/$（gVSS·h）；进水中氨氮浓度高，C、N 比不合适；池温超过 40℃；翼轮转速过高使絮粒破碎；可投加营养物或引进高浓度 BOD 水，使 F/M＞0.1，停开一个曝气池。

⑨ 二沉池上清液浑浊，出水水质差：OUR＞$20mgO_2/$（gVSS·h），污泥负荷过高，有机物氧化不完全；可减少进水流量，减少排泥。

⑩ 曝气池表面出现浮渣似厚粥覆盖于表面：浮渣中见诺卡菌或纤发菌过量生长，或进水中洗涤剂过量；可清除浮渣，避免浮渣继续留在系统内循环，增加排泥。

（3）工艺设备维护

① 污水泵和污泥泵应定期加黄油。

② 如果泵和管道（阀门）出现堵塞现象，应停机清理。

③ 探头应定期校正、清洗。

④ 供电系统出现故障，应及时排除。

⑤ 曝气器：微孔曝气器容易堵塞，应定时检查曝气器堵塞和损坏情况，及时更换破损的曝气器，保持曝气系统运行良好。

⑥ 滗水器：应经常巡查滗水器收水装置、排水管路以及控制部件，做好电动机、减速机的保养和维护，并按照使用要求对滗水器的易损部件定期进行维修和更换。若长时间不使用，启动前应检查是否生锈，防止生锈卡死。

2.7.4 CASS 工艺相近的序批式反应器介绍

（1）SBR 工艺

序批式活性污泥法（sequencing batch reactor，SBR）又称为间歇式活性污泥法，典型的 SBR 工艺运行过程一般由五个工序组成，包括进水阶段、反应阶段、沉淀阶段、排水阶段、排泥与闲置阶段。

进水阶段，可分为单纯进水、进水同时曝气、进水同时缓慢搅拌三种，进水方式视污水的性质而定。反应阶段，进水到设计水位后，进行曝气操作，进行有机污染物的去除和脱氮除磷。沉淀阶段，混合液处于静置状态，进行泥水分离，一般沉淀时间为 0.5～1.5h。排水阶段，排放上清液至最低水位，一般排水时间为 1.0～1.5h。排泥与闲置阶段，本阶段的时间视与其他匹配的池子的运行情况而定，此阶段也可排放剩余污泥。

SBR 工艺的特点是流程简洁，可节省水处理构筑物，造价相对较低，占地面积小；反应过程能保持最大的生化反应推动力，处理效果好；各工序控制灵活，易实现同时脱氮除磷；污泥沉降性能好，基本不发生污泥膨胀；适合中小型污水处理规模。

（2）ICEAS工艺

ICEAS工艺全称为间歇式循环延时曝气活性污泥法（intermittent cycle extended aeration sludge，ICEAS），ICEAS工艺由预反应区和主反应区两个矩形池为一组。预反应区一般为缺氧状态，可调节水流；主反应区为曝气反应的主体，主要进行曝气、沉淀。ICEAS工艺可实现连续进水，污水进入预反应区后，通过隔墙底部的连接口以平流流态进入主反应池，在主反应池进行间歇曝气、沉淀滗水。属于连接进水、间歇出水的SBR反应池。

ICEAS工艺特点：沉淀会受到进水扰动的影响；需设置生物选择区防止污泥膨胀等；连续进水，适用于大型水厂。

（3）UNI-TANK工艺

UNI-TANK工艺采用三个池子开孔水力连接，中间池B只作为曝气池，两边A池和C池交替作为曝气池和沉淀池。A、C池设有固定出水堰和剩余污泥排放口。进水系统连接三个池子，交替进入任意一个，系统可连续进水、连续出水。

UNI-TANK工艺三个池子在时间和空间上的控制，以及曝气的控制，可以实现好氧、缺氧、厌氧环境，从而针对不同的污水性质，进行灵活设计。

（4）与序批式反应器的对比

在相近的序批式反应器法中，间歇进水周期循环式的活动污泥工艺（CASS/CAST/CASP）的发展相对比较快。CASS反应池分两个区，缺氧生物选择区和好氧区；或分三个区，生物选择区、缺氧区、好氧区，反应器中各区容积比为1：5：30。前置的生物选择区，容积较小，通常是厌氧或兼氧条件运行，有助于防止污泥膨胀和进行释磷以及反硝化。兼氧条件运行的兼氧区，对进水水质、水量变化有缓冲作用，并能促进进一步释磷和强化反硝化。

与ICEAS相比，预反应区容积小，更加优化生物选择效果。CASS工艺将主反应区（好氧区）中部分剩余污泥回流至生物选择区中，在运作方式上沉淀阶段不进水，使排水的稳定性得到保障；同时，以好氧区作为主要去除有机物的场所，脱氮除磷效果更好；而且CASS工艺的运行工序灵活性很大，易于调整优化工序。

试题练习

1. 挥发性固体能够近似地表示污泥中( )的含量。

A. 微生物　　　　B. 微量有机物　　　C. 无机物　　　D. 有机物

2. 引起富营养化的物质是( )。

A. 硫化物，有机物　B. 氮，磷　　　　C. 铁，锌　　　D. 有机物，硫化物

3. 污水中的氮元素主要以( )形式存在。

A. 有机氮和氨氮　　B. 有机氮和凯式氮

C. 有机氮和无机氮　D. 凯式氮和无机氮

4. 在《城镇污水处理厂污染物排放标准》(GB 18918—2002)中，一级A标准要求出水总氮不超过( )。

A. 15mg/L　　　　　B. 20mg/L　　　　　C. 8mg/L　　　　　D. 25mg/L

5. 利用生化法处理污水中的氨氮，主要产生作用的微生物为(　　)。

A. 硝化细菌　　　　　B. 反硝化细菌　　　　　C. 丝状菌　　　　　D. A 和 B

6. 在生化脱氮技术中，不同阶段的微生物对溶解氧的需求不同，一般为(　　)。

A. 硝化阶段好氧，反硝化阶段厌氧

B. 硝化阶段好氧，反硝化阶段缺氧

C. 硝化阶段厌氧，反硝化阶段好氧

D. 硝化阶段缺氧，反硝化阶段好氧

7. 反硝化细菌在缺氧的情况下可以(　　)。

A. 把有机氮转化为氨氮　　　　　　　　B. 把氨氮转化为硝酸盐

C. 把硝酸盐转化为氮气　　　　　　　　D. 把有机氮转化为凯式氮

8. 硝化细菌在好氧的情况下可以(　　)。

A. 把氨氮转化为亚硝酸盐氮　　　　　　B. 把氨氮转化为硝酸盐氮

C. 把亚硝酸盐氮转化为硝酸盐氮　　　　D. 把亚硝酸盐氮转化为氨氮

9. 在生化脱氮技术中，对于溶解氧的要求一般是(　　)。

A. 硝化阶段 2mg/L，反硝化阶段 0.5mg/L

B. 硝化阶段 4mg/L，反硝化阶段 0.5mg/L

C. 硝化阶段 2mg/L，反硝化阶段 0.2mg/L

D. 硝化阶段 2mg/L，反硝化阶段 0.2mg/L

10. 氨氮生化处理过程中，硝化和反硝化过程中，微生物对有机物的需求情况为(　　)。

A. 硝化阶段微生物需要有机物，反硝化阶段不需要有机物

B. 硝化阶段微生物不需要有机物，反硝化阶段也不需要有机物

C. 硝化阶段微生物不需要有机物，反硝化阶段需要有机物

D. 硝化阶段微生物需要有机物，反硝化阶段需要有机物

11. 活性污泥法中曝气池有哪些类型？

12. 某城市污水处理厂进水 BOD_5 浓度 $S_0 = 200mg/L$，SS 浓度 $X_0 = 250mg/L$，该厂采用普通二级活性污泥法处理工艺。初次沉淀池的 BOD_5 和 SS 的去除效率分别为 25% 和 50%，经二级处理后出水的 BOD_5 和 SS 的浓度分别为 20mg/L、25mg/L。求初次沉淀池出水的 BOD_5 和 SS 的浓度及该厂 BOD_5 和 SS 的总去除效率。

项目三 工业废水处理典型工艺设计与运行管理

学习目标

了解典型工业废水常用的处理工艺，熟悉典型工业废水处理工艺的初步设计，熟悉物化处理单元的基本原理，掌握典型工业废水处理系统的操作和运行管理。

任务分析

1. 通过典型工业废水处理工艺初步设计任务，掌握典型工业废水处理工艺设计的步骤，了解工业废水典型处理单元，重点掌握气浮、过滤、隔油、中和、混凝、化学沉淀、氧化还原等处理单元。

2. 通过参观实际工艺废水处理厂，模拟仿真实训和校内小型污水处理实训系统，掌握典型工业废水处理系统以及典型处理单元的操作和运行管理。

3.1 除油

3.1.1 含油废水的来源及分类

（1）含油废水的来源

含油废水主要是生活和生产过程中产生的，如：厨房食物清洗及加工过程产生的餐厨废水含有一定量的动植物油；屠宰和肉类加工产生的含油废水为动物油；纺织工业中的洗毛废水和皮革制革脱脂工序产生的含油废水主要为动物油；油脂工业产生的废水主要为植物油；石油开采、炼制、加工产生的含油废水主要为矿物油；机械加工产生的含油废水主要为车削工艺的乳化液；电镀工艺的电镀件预除油产生的前处理废水、煤焦化工艺排出的焦化废水含有一定的矿物油，以及加油站冲洗地面产生的含油废水等。

含油废水的产生量、浓度、特性、其他污染物等，受生产工艺流程、设备和操作条件的影响，差异较大。含油废水所含油类，除重焦油的相对密度可大于 1 以外，其余废水相对密度都小于 1，本节主要探讨含油相对密度小于 1 的含油废水的处理。

（2）油在废水中的存在形式及污染特征

油类在废水中的存在形式，按粒径大小可分为浮油、分散油、乳化油和溶解油 4 类。

① 浮油。该类油滴粒径较大，一般大于 $100\mu m$，在静置状态下易于浮出水面，形成油

膜或油层。

②　分散油。油滴粒径一般为 $10\sim100\mu m$，以微小的油珠悬浮于水中，不稳定，静置一段时间后，可形成浮油。

③　乳化油。油滴粒径小于 $10\mu m$，一般为 $0.1\sim0.2\mu m$，该类油由于受表面活性剂的乳化作用，改变了油滴的表面性能，能稳定存在于水中，形成水包油的微小乳滴。

④　溶解油。以分子状态或化学方式分散于污水中，形成稳定的均相体系，粒径一般小于 $0.1\mu m$。

含油废水对水体的污染主要表现为对水体生态系统的影响。含油废水如果不经处理直接排放到水体，会形成可浮油，在水体表面形成油膜，会隔断大气中的氧进入水体，导致水体缺氧；水中的乳化油和溶解油，本身是好氧有机物，在需氧微生物的作用下进行分解，会消耗水中的溶解氧，破坏水生需氧的生态系统。

表征含油废水的指标有两个：石油类和动植物油，单位都是 mg/L。石油类，主要为烷烃、烯烃等碳氢化合物。动植物油主要分为动物油和植物油。这两者都可以用红外分光光度法进行测定。

3.1.2　含油废水的处理

含油废水，按其所含油的性质，可通过采用重力分离、气浮、聚结材料附着、生化处理、化学氧化等去除。考虑固定投资和运行费用，浮油和分散油，采用上浮法去除较好；较为细粒的分散油可用聚结材料附着；乳化油可用气浮法去除；溶解油可用生化或化学氧化处理。

一级除油处理（primary treatment of oil wastewater），指采用隔油池进行油水分离的处理阶段。二级除油处理（secondary treatment of oil wastewater），指采用气浮、粗粒化、板结、过滤等方法或组合工艺进行油水分离的处理阶段。在设计和运营含油废水处理工程时可参考环境保护部发布的《含油污水处理工程技术规范》（HJ 580—2010）。

3.1.2.1　隔油池

隔油池是油水分离装置，它能去除污水中处于漂浮和粗分散状态的相对密度小于 1.0 的油类物质，而对处于乳化、溶解及分散状态的油类效果较差。常见的隔油池有平流式隔油池、平行板式隔油池、斜板式隔油池和小型隔油池等。目前污水处理常用的隔油池有两大类即平流式隔油池和斜板式隔油池。小型隔油池是隔油池的一种简化形式，在餐厨废水处理时使用得较多。

隔油池是利用自然上浮法分离、去除含油废水中可浮性油类物质的构筑物。经过隔油池处理后的污水流到废水坑内，当废水升到浮球控制的水位时，由潜污泵自动排出，当污水降到控制低水位时，潜污泵将自动停止。经分离后的油脂浮在隔油板侧上方，这些浮油脂应及时定期清除，如果不定期处理油脂，可能外泄，若流到地面会造成环境污染，若流到污水坑内会严重影响浮球正常工作。一旦出现溢出的油污，可采用碱性清洗液或碱性脱脂剂进行处理。

（1）平流式隔油池

平流式隔油池如图 3-1 所示。废水从池的一端流入，从另一端流出，粒径较大的浮油浮到池表面，利用刮油刮泥机推动水面浮油和刮集池底沉渣。在出水一侧的水面处设置集油管。隔油池上加盖，起到防止石油气味散发的作用，同时还起着防雨、防火和保温作用。污水在隔油池内的停留时间一般为 1.5～2h，池长和池深之比不小于 4，水平流速很低，一般为 2～5mm/s，有利于油品的上浮和泥渣的沉降。平流式隔油池除油率一般为 60%～80%，粒径 150μm 以上的油珠均可除去。

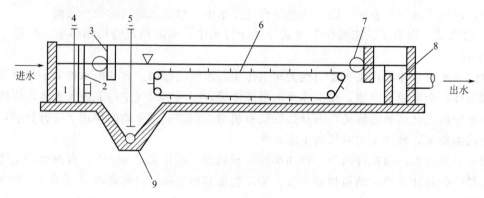

图 3-1　平流式隔油池

1—配水槽；2—布水隔墙；3—挡油板；4—进水阀；5—排水阀；
6—链带式刮油刮泥机；7—集油管；8—集水槽；9—排泥管

平流式隔油池构造简单，运行管理方便，除油效果稳定。缺点是体积大，占地面积大，处理能力低，排泥难，出水中仍含有乳化油和吸附在悬浮物上的油分，一般很难达到排放要求。

（2）斜板式隔油池

斜板式隔油池（图 3-2）是根据浅层沉淀原理设计的。斜板倾角常采用 45°，较多采用塑料波纹板。被分离的油粒沿斜板上升，汇集到集油池顶部，再由集油管进入池子一侧的油回收槽。处理水沿斜板之间由池首水平流向池尾，经溢流堰汇入出水槽。

斜板式隔油池可分离的油滴最小直径为 60μm，而普通的隔油池去除的最小油珠粒径一般不低于 100～150μm，油水分离的效果大大提高。污水在斜板式隔油池中的停留时间一般不大于 30min，停留时间仅为平流式隔油池的 1/4～1/2，能够大大地减少除油池的容积。

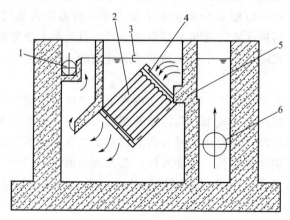

图 3-2　斜板式隔油池

1—出水管；2—斜纹滤板；3—集油管；4—布水管；5—穿孔墙；6—进水管

3.1.2.2 聚结材料粗粒化除油

粗粒化（coalescence of oil water），指利用油水两相对聚结材料亲和力的不同，使微细油珠在聚结材料表面集聚成为较大颗粒或油膜，而达到油水分离的过程。常用的粗粒化聚结材料分为无机物和有机物两大类，无机物有活性炭、无烟煤、陶粒、石英砂等。有机物有聚苯乙烯、尼龙等。

细微油粒粗粒化过程应当包括三个阶段：①附着，细微油粒在粗粒化材料表面附着；②成膜，附着的阻力在于表面与油粒间存在的连续水相之膜，在油粒浮力或流体流动的扰动下变薄，最后达到一个临界厚度，在薄弱处裂开，油粒便直接与粗粒化介质表面接触；③脱落，油粒聚结到一定程度，在流体压差的推动下，当推力大于油水界面张力时，增大的油粒从粗粒化介质表面脱落。

3.1.2.3 气浮除油

气浮（air floatation），指空气微气泡与油污颗粒结合，增大油污颗粒的浮力，使含油污水中的油污迅速分离的处理方法。

3.2 气浮

3.2.1 气浮的基本原理

气浮技术的基本原理是向水中通入空气，使水中产生大量的微细气泡，并促使其黏附于杂质颗粒上，形成密度小于水的浮体，在浮力作用下，上浮至水面，实现固-液或液液分离。

关于微细气泡和颗粒之间的接触吸附机理通常有两种情况。一是絮凝体内裹带微细气泡，絮凝体越大，这一倾向越强烈，越能阻留气泡。例如，稳定的乳化液中油珠带负电较强，一般需投加混凝剂，压缩油珠双电层，使油珠脱稳，容易与气泡吸附在一起。二是气泡与颗粒的吸附，这种吸附力是由两相之间的界面张力引起的。根据作用于气-固-液三相之间的界面张力，可以推测这种吸附力的大小。图3-3为气-固-液三相体系，在三相的接触点上，由气液界面与固液界面构成的 θ 角称接触角（以对着水的角为准），$\theta > 90°$ 者为疏水性物质，$\theta < 90°$ 者为亲水性物质。当 $\theta = 0°$ 时，固体表面完全被润湿，气泡不能吸附在固体表面；当 $0° < \theta < 90°$，固体与气泡的吸附不够牢固，容易在水流的作用下脱附；当 $\theta > 90°$，则容易发生吸附。对于亲水性物质，一般需加浮选剂，改变其接触角，使其易与气泡吸附。

浮选剂的种类很多，按作用不同可分为捕捉剂、调整剂、起泡剂等。捕捉剂能改善颗粒-水溶液界面、颗粒-空气界面自由能，提高可浮性，常见品种有硬脂酸、脂肪酸及其盐类、胺类等。调整剂的作用是提高气浮过程的选择性，加强捕捉剂的作用并改善气浮条件。起泡剂的作用是降低水的表面张力，使水中气泡形成稳定的微细气泡，因为水中的气泡越细小，其总表面积越大，吸附水中悬浮物的机会越多，有利于提高气浮效果。但水中表面活性剂过多会严重地促使乳化，使气浮效果明显降低。常见的起泡剂种类有：醇、酚、酮、醛、醚、酯、酸等有机异极性表面活性物质。

3.2.2 气浮设备型式

气浮按气泡产生的方法不同可分为充气气浮、溶气气浮及电解气浮三种，其中电解气浮

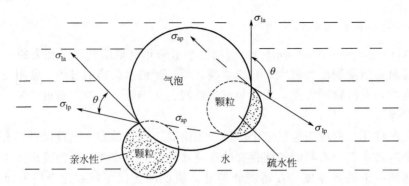

图 3-3　亲水性和疏水性颗粒的接触角

σ_{la}—液气表面张力；σ_{lp}—液固表面张力；σ_{ap}—气固表面张力；θ—接触角

应用较少。

（1）充气气浮

充气气浮法是利用机械剪切力将混合于水中的空气分割成微小气泡以进行浮选处理的方法，又称布气浮选法。按粉碎气泡方法的不同，充气气浮又分为射流气浮、叶轮气浮和扩散板（管）气浮几种，其中广泛应用的是叶轮气浮。

（2）溶气气浮

溶气气浮法是使空气在一定压力下溶于水中并达到过饱和状态，然后再突然降低污水压力，这时溶解于水中的空气便以微小气泡的形式从水中逸出，以进行浮选的方法。根据气泡从水中析出时所处压力的不同，溶气气浮又可分为加压溶气气浮和溶气真空气浮两种类型。前者空气在加压条件下溶于水中，而在常压下析出；后者是空气在常压或加压条件下溶入水中，在负压条件下析出。

溶气气浮法是最常用的一种气浮方法，根据废水中所含悬浮物的种类、性质及处理水净化程度和加压方式的不同，可分为全流程溶气气浮法、部分溶气气浮法、部分回流溶气气浮法。

（3）电解气浮

对废水进行电解，这时在阴极产生大量的氢气泡，氢气泡的直径很小，仅有 $20\sim100\mu m$，它们起着气浮剂的作用。废水中的悬浮颗粒黏附在氢气泡上，随其上浮，从而达到净化废水的目的。与此同时，在阳极上电离形成的氢氧化物起着混凝剂的作用，有助于废水中的污泥物上浮或下沉。

电解气浮法的优点是：能产生大量小气泡；在利用可溶性阳极时，气浮过程和混凝过程结合进行；装置构造简单，是一种新的废水净化方法。近几年由于电解法具有设备简单、管理方便、运行条件易于控制、装置紧凑、效果良好等优点，因而发展很快。

3.2.3　气浮法优缺点

气浮法的优点为效率高，对一些轻质杂质（如油脂、表面活性剂等）去除效果尤佳；且占地面积小，适用于中小规模的废水处理设施。气浮池具有预曝气的作用，出水和浮渣都含有一定的氧，对去除水中的表面活性剂及臭味有明显的效果，有利于后续的处理，泥渣不易腐化。缺点为建造成本及电耗高，维护费用高，对一些高密度且体积相对较大（如沙砾等）的杂质去除效果低甚至没有。

3.3 过滤

3.3.1 过滤原理

过滤是指借助粒状材料或多孔介质截除水中杂质的过程。在废水处理中，过滤主要用于去除微小悬浮颗粒，也可以去除细菌和胶体等。水中的污染物主要通过以下三种作用被去除。

① 筛滤作用。滤料的空隙起着筛子的作用，能筛除污水中粒径较大的固体颗粒。

② 沉淀作用。一定高度的滤料的空隙空间，可抽象认为是沉淀池，污水中的部分颗粒在滤料空隙沉淀截留。

③ 接触吸附作用。滤料具有一定的吸附能力，表面积非常大，污水中的污染物质在空隙流动中，会被吸附到滤料颗粒表面，从而被去除。

实际过滤过程，这三种作用都会发生，对不同性质的颗粒作用强弱不用。

3.3.2 过滤设施

常用的过滤设施有过滤池、过滤罐、保安过滤器等，膜处理技术（微滤、超滤、纳滤、反渗透等）广义上讲也属于过滤。同样，板框压滤、带式脱水、转鼓过滤等也属于过滤。

（1）滤池分类

① 按滤料的分层分类。可分为单层滤料、双层滤料和三层滤料。单层滤料一般采用石英砂或均质陶粒作为滤料；双层滤料可采用陶粒-石英砂、活性炭-石英砂等；三层滤料可采用陶粒-石英砂-石榴石等。

对双层滤料，上层采用密度较小、粒径较大的轻质滤料，下层采用密度较大、粒径较小的重质滤料，上层空隙大，下层空隙小，相比单层滤料而言，可提高纳污能力，这种情况称之为反粒度过滤。

② 按滤速分类。可分为慢滤池和快滤池。慢滤池的过滤速度一般为 $0.1\sim0.2\text{m/h}$，快滤池可达 5m/h 以上。

③ 按作用水头分类。可分为重力滤池和压滤滤罐。压力滤罐有立式和卧式两种，一般以立式居多。

④ 按水流经过滤层的方向分类。可分为向下流、向上流和双向流等。

⑤ 其他类型滤池。有重力式无阀滤池、双阀滤池、翻板滤池、Ｖ形滤池、虹吸滤池、移动冲洗罩滤池、转盘滤池等。

（2）过滤池的主要组成部分

主要包括滤料层、承托层、配水系统、反冲洗系统。

① 滤料层。滤料是过滤池拦截污染物的主要材料。常用的滤料是石英砂，也有采用纤维球、陶粒、无烟煤等作为滤料。滤料材料的基本要求为：

a. 有足够的机械强度。要求反冲洗的时候不至于严重摩擦损耗。

b. 有一定的化学稳定性。滤料应不和废水发生化学反应，也不应被废水浸出污染物质。

c. 有合适的粒径级配。粒径大小适当，分布均匀。

表征粒径级配的指标是滤料不均匀系数 K_{80}。

$$K_{80} = \frac{d_{80}}{d_{10}}$$

式中　d_{10}——滤料经筛分，通过滤料质量 10% 的筛孔孔径；

　　　　d_{80}——滤料经筛分，通过滤料质量 80% 的筛孔孔径。

K_{80} 越接近于 1，滤料越均匀，过滤和反冲洗效果越好，但滤料价格越贵。一般来说，不均匀系数 K_{80} 为 1.3～1.4 的滤料可认为是均匀级配粒料。

滤池滤速与滤料要求关系见表 3-1。

表 3-1　滤池滤速与滤料要求关系

滤料种类	滤料组成			正常滤速/(m/h)	强制滤速/(m/h)
	粒径/mm	不均匀系数 K_{80}	厚度/mm		
单层石英砂滤料	石英砂 $d_{10}=0.8$	<2.0	700	8～10	10～12
双层滤料	无烟煤 $d_{10}=1.0$	<2.0	300～400	9～12	12～16
	石英砂 $d_{10}=0.8$	<2.0	400		
均匀级配粗砂滤料	石英砂 d_{10} 为 1.0～1.3	<1.4	1200～1500	8～10	10～12

② 承托层。承托层是较大的颗粒，放在滤料层的下部，主要作用是：承托滤料，防止漏料，同时起着反冲洗均匀布水的作用。承托层材料主要为天然卵石或砾石。

当采用大阻力配水系统时，快滤池承托层参数如表 3-2 所示。

表 3-2　快滤池承托层参数

层次（自上而下）	材料	粒径/mm	厚度/mm
1	砾石	2～4	100
2	砾石	4～8	100
3	砾石	8～16	100
4	砾石	16～32	本层顶面应高出配水系统孔眼 100mm

为了防止反冲洗时承托层移动，美国对单层和双层滤料滤池也有采用"粗-细-粗"的砾石分层方式。

如果采用小阻力配水系统，可不设承托层，或者适当铺设一些粗砂或细砾石。

③ 配水系统。配水系统主要是配给反冲洗水，使之均匀分布于池体，达到对滤料有效冲洗的目的。按支管开孔率 α 的大小，一般分为三种情况。

大阻力配水系统：$\alpha = 0.20\% \sim 0.25\%$；

中阻力配水系统：$\alpha = 0.60\% \sim 0.80\%$；

小阻力配水系统：$\alpha = 1.00\% \sim 1.50\%$。

其中　　　　　　　$开孔率 = \dfrac{配水系统孔口总面积}{滤池横截面积}$

a. 大阻力配水系统。快滤池常用的"穿孔管大阻力配水系统"中间为较粗的干管，干管两侧连接若干根平行排列的支管，支管下方开两排小孔，与中心线成 45° 角交错排列，见图 3-4。反冲洗时，水从干管流入支管，经支管孔口流出，经承托层和滤料层，对滤料进行冲洗，从上方排入收水槽。

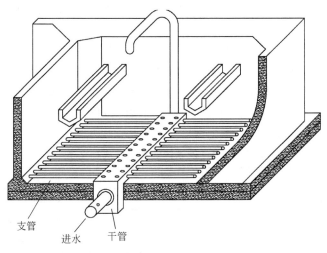

支管　　　进水　　干管

图 3-4　穿孔管大阻力配水系统

为了保证池体内各区间均匀布水，必须考虑配水系统构造尺寸，也即各管的流速，设计要求如下：

- 干管起端流速为 1.0～1.5m/s，支管起端流速为 1.5～2.0m/s，支管孔眼流速为 5～6m/s。
- 支管开孔率 0.20%～0.25%。
- 支管中心间距为 0.2～0.3m，支管长度与直径之比一般小于 60。
- 终端孔口直径为 9～12mm，当干管直径大于 300mm 时，干管顶部也应开孔布水，并在孔口上方设置挡板。
- 为了均匀布水，滤池单池水平面积不宜过大，应小于 100m²。

大阻力配水系统的优点是配水均匀性好，但结构复杂，孔口阻力大，冲洗时消化动力大，管道易结垢，检修困难。对虹吸滤池和无阀滤池，由于冲洗水头有限，建议不要采用大阻力配水系统。

b. 小阻力配水系统。该系统的优点在于：相对于"大阻力"而言，可以通过减小干管和支管进口流速，减小配水系统整体阻力；减小因流道阻力而产生的水头损失差异，达到均匀配水的目的。这种配水系统的型式和材料多种多样，主要有钢筋混凝土穿孔（或缝隙）滤板、穿孔滤砖、长短柄滤头等。

ⅰ. 钢筋混凝土穿孔（或缝隙）滤板。在钢筋混凝土板上预留圆孔或条缝，然后在板上铺一层或两层尼龙网，达到减小整体阻力的目的。该配水系造价低，孔口不易堵塞，配水均匀性好，强度高，耐腐蚀；但在施工时要注意尼龙网接缝的连接处，防止漏缝。

ⅱ. 穿孔滤砖。滤砖尺寸一般为 600mm×280mm×250mm，用混凝土或陶瓷制成，每平方米滤池面积铺 6 块砖，滤砖构造分为上下两层、连为整体，开孔率为：上层 1.07%、下层 0.7%。施工时，下层砖单线联通，起配水渠的作用；上层各砖单独配水，用隔板隔开互不相通，上层配水孔均匀布水。

ⅲ. 滤头布水。滤头是由滤柄和具有缝隙的滤帽组成。滤柄分为长柄和短柄两种，短柄滤头用于单独水冲滤池，长柄滤头可用于气水反冲滤池。滤帽为塑料注塑成型，开有很多缝隙，缝宽为 0.25～0.40mm，滤柄可浇筑在混凝土板上，滤帽拧在滤柄上，中间加密封橡胶垫圈，这样可大大简化安装步骤，且密封性好。滤头布置数量一般为 $50\sim60$ 个$/m^2$，开孔率约 1.5%。另外，为了减少混凝土板之间的漏气，有些厂家将整池浇筑为一块板，则反冲更为均匀，不过，检修相对困难。

④ 反冲洗系统。滤池工作一段时间后，由于滤料截留的絮体填充滤料空隙，导致滤速变慢，需进行反冲洗。因此，反冲洗的目的是清除滤料截留的污染物质，使过滤系统恢复过滤能力。快滤池反冲洗的方式有如下几种：水冲，气-水冲，气水-水冲，水-气水-水冲，气-气水-水冲，表面扫洗-水冲等。气水反冲主要用于粗滤料的冲洗，目的是节省反冲洗用水。反冲洗系统的冲洗方式和程序见表 3-3。

表 3-3　反冲洗系统的冲洗方式和程序

滤料组成	冲洗方式、程序
单层粗砂级配滤料	水冲或气冲-水冲
单层粗砂均匀级配滤料	气冲-气水同时冲-水冲
双层煤、砂级配滤料	水冲或气冲-水冲

冲洗过程涉及的参数有：冲洗强度、冲洗时间和滤层膨胀率。

冲洗强度，单位滤池水平面面积在单位时间内消耗的冲洗水流量，即：

$$q=\frac{Q'}{A}$$

式中　q——冲洗强度，$L/(m^2 \cdot s)$；

Q'——冲洗水流量，L/s；

A——滤层的水平面面积，m^2。

滤层膨胀率，是反冲洗时，滤层膨胀后所增加的厚度与膨胀前厚度之比。即：

$$e=\frac{L-L_0}{L_0}\times100\%$$

式中　e——滤料层膨胀率，$\%$；

L——滤料层膨胀后的厚度，m；

L_0——滤料层膨胀前的厚度，m。

单水冲洗滤池在水温 20℃时的反冲洗强度及冲洗时间见表 3-4。

表 3-4　单水冲洗滤池的反冲洗强度及冲洗时间（水温 20℃）

滤料组成	冲洗强度/$[L/(m^2 \cdot s)]$	膨胀率/%	冲洗时间/min
单层粗砂级配滤料	12~15	45	5~7
双层煤、砂级配滤料	13~16	50	6~8

气水冲洗强度及冲洗时间见表 3-5。

表 3-5　气水冲洗强度及冲洗时间

滤料种类	先气冲洗		气水同时冲洗		后水冲洗			表面扫洗	
	气强度/$[L/(m^2 \cdot s)]$	时间/min	气强度/$[L/(m^2 \cdot s)]$	水强度/$[L/(m^2 \cdot s)]$	时间/min	水强度/$[L/(m^2 \cdot s)]$	时间/min	水强度/$[L/(m^2 \cdot s)]$	时间/min
单层细砂级配滤料	15~20	2~3	—	—	—	8~10	4~5	—	—

| 滤料种类 | 先气冲洗 | | 气水同时冲洗 | | | 后水冲洗 | | 表面扫洗 | |
	气强度/ [L/(m²·s)]	时间 /min	气强度/ [L/(m²·s)]	水强度/ [L/(m²·s)]	时间 /min	水强度/ [L/(m²·s)]	时间 /min	水强度/ [L/(m²·s)]	时间 /min
双层煤、砂级配滤料	15~20	2~3	—	—	—	6.5~10	4~5	—	—
单层粗砂均匀级配滤料	13~17	1~2	13~17	3~4	3~4	4~8	2~3	—	—
	13~17	1~2	13~17	2.5~3	4~5	4~6	2~3	1.4~2.3	全程

反冲的供水与供气：反冲的供水可用正常过滤的滤出水，将滤出水储存在清水池内，用反冲洗泵提供压力，扬程应大于20m，也可采用冲洗水塔或水箱。反冲洗空气可采用空压机-气罐提供，也可采用鼓风机供气，鼓风机出口处的静压力应为输配气系统的压力损失和富余压力之和。

反冲洗过程若出现大量气泡，可采用水冲消泡或撒消泡剂消泡。

反冲洗出水含污染物较多，应回到处理系统前端，如调节池或沉淀池，进行进一步处理。

反冲洗周期，可根据生产情况确定，比如换班前进行一次反冲洗，也可根据滤出水量大小或滤层压力损失确定。

3.3.3 过滤设计

主要确定滤池面积、个数、尺寸、管道尺寸、反冲洗水泵参数等。

【例3-1】 某电镀综合废水，水量为2000m³/d，经混凝沉降处理后，拟采取过滤处理技术，进一步去除水中的微悬浮颗粒，请设计过滤池。

设计参数：采用单层石英砂均匀级配滤料，滤速8m/h，每天两班运行，每班工作12h，每班反冲洗一次，每次反冲洗9min，每班停止运行21min，采用气冲-气水反冲-水冲，气冲2min、气水冲5min、水冲2min，滤出水作为反冲洗水，水反冲洗强度（q_1）15L/（m²·s），气反冲洗强度（q_2）17L/（m²·s），厂内回水按5%计。

（1）滤池面积 A

$$A = \frac{Q}{vt}$$
$$t = 24 - t_0 - t_1$$

式中 Q——滤池处理水量，m³/d；

v——过滤速率，m/h；

t——滤池实际工作时间，h/d；

t_0——滤池停止运行时间，h/d；

t_1——滤池反冲洗时间，h/d。

计算，滤池处理水量：

$$Q = 2000 \times 1.05 = 2100 （m³/d）$$

滤池每天实际工作时间：

$$t = 24 - t_0 - t_1 = 24 - \frac{9 \times 2}{60} - \frac{2 \times 21}{60} = 23 \ (h)$$

则：

$$A = \frac{Q}{vt} = \frac{2100}{8 \times 23} = 11.41 \ (m^2)$$

采用两个滤池，每个滤池的水平面面积（A_0）为：

$$A_0 = \frac{A}{n} = \frac{11.41}{2} = 5.71 \ (m^2)$$

滤池按正方形设计：

$$L = B = \sqrt{5.71} = 2.39 \ (m)$$

可按 $2.4 m \times 2.4 m$ 施工。

校核强制滤速（v'）：

$$v' = \frac{nv}{n-1} = 16 \ (m/h)$$

（2）滤池总高

采用小阻力配水系统长柄滤头过滤，滤池高度按下式计算：

$$H = H_1 + H_2 + H_3 + H_4 + H_5 + H_6 + H_7$$

式中　H——滤池总高，m；

　　　H_1——气水室高度，取 $0.7 \sim 0.9 m$；

　　　H_2——滤板厚度，取 $0.1 m$；

　　　H_3——承托层厚度，取 $0.01 \sim 0.1 m$；

　　　H_4——滤料层厚度，取 $1.1 \sim 1.2 m$；

　　　H_5——滤料上水深，取 $1.2 \sim 1.5 m$；

　　　H_6——进水系统跌差（包括进水槽、孔洞水头损失及过水堰跌差），取 $0.3 \sim 0.5 m$；

　　　H_7——池体超高，取 $0.3 m$。

所以：

$$H = H_1 + H_2 + H_3 + H_4 + H_5 + H_6 + H_7 = 0.8 + 0.1 + 0.1 + 1.2 + 1.4 + 0.4 + 0.3 = 4.3 \ (m)$$

（3）滤头个数

可按下式计算：

$$n_2 = n_1 \times A_0$$

式中　n_2——单个滤池滤头个数，个；

　　　n_1——每平方米滤板滤头个数，按滤头产品资料确定，一般为 $30 \sim 55$ 个/m^2；

　　　A_0——每个滤池的水平面面积，m^2。

则：

$$n_2 = n_1 \times A_0 = 5.71 \times 49 = 280 \ (个)$$

（4）反冲洗水泵

可按下式计算：

$$H_p = 9810 \times H_0 + (Q_1 + Q_2 + Q_3 + Q_4 + Q_5)$$

式中　H_p——所需水泵扬程，Pa；

H_0——洗砂排水槽顶与吸水池最低水位高差，取 7m；

9810——水的密度，$\rho=9810\text{N/m}^3$；

Q_1——水泵吸水口至滤池输水管道的总水头损失，取 30000Pa；

Q_2——配水系统水头损失，主要是滤头的水头损失，由设计厂家提供资料，取 20000Pa；

Q_3——承托层水头损失，取 200Pa；

Q_4——滤层水头损失，取 14700Pa；

Q_5——富余水头，取 9810～18620Pa。

则：

$$H_p=9810\times7+(30000+20000+200+14700+18620)=152190(\text{Pa})=15.52(\text{mH}_2\text{O})$$

反冲洗水泵流量（$Q_{水}$）：

$$Q_{水}=q_1\times A_0=15\times5.71=85.65(\text{L/s})=257(\text{m}^3/\text{h})$$

（5）空压机供气

反冲洗空气量（$Q_{气}$）：

$$Q_{气}=q_2\times A_0=17\times5.71=97.07(\text{L/s})=5.83(\text{m}^3/\text{min})$$

另外，应考虑管道尺寸及布设，池体坡度及排空，人孔，与砂层接触的池内壁"拉毛"以避免水流短路，冲洗水的排除等。

3.3.4　滤池运行管理

① 巡检时注意滤池滤出水水质情况。滤池运行正常，则出水清澈，滤速适中。如果出现出水浑浊，水头损失过大，出水量较小，则需进行反冲洗。

② 反冲洗时，观察反冲洗出水水质，适时调整反冲洗水量、气量和反冲洗时间。

③ 定期维护闸、阀、水泵、空压机（风机），保证反冲洗运行正常。

④ 保持滤池池壁及排水池清洁，定期清除生长的藻类。

⑤ 定期放空滤池进行检查。检查内容有：滤池表面是否平整，是否结球、结块，是否有裂缝，滤料是否脱离池壁等。

⑥ 同一时间内，只能冲洗一个滤池。

⑦ 检查液位及阻塞仪表的状况并及时更换。

⑧ 定期检查在反冲洗过程中是否有跑砂现象。

⑨ 每天检查并记录反冲泵的进、出口的压力。如果水泵的扬程偏离额定值过大，调节出口阀门。

⑩ 每天检查并记录鼓风机进、出口的压力。如果吸气口的真空表的指针进入红色区域，需清洗吸口过滤器。

⑪ 每天排放压缩空气罐中的冷凝水。每天靠听觉检查压缩空气管线的气密性，发现泄漏立即维修。

⑫ 出现以下情况，滤池应停止运行，进行大修：滤池出水含泥量明显增多，滤料表面泥球过多，通过冲洗已无法彻底解决；砂面结块，出现多处裂缝，砂层脱离池壁；反冲洗后砂层表面凹凸不平；出水携带砂粒，砂层明显降低；配水系统堵塞，管道损坏，反冲洗布水明显不均匀；滤池已连续运行 10 年以上。

⑬ 滤池大修包括以下内容：取出滤料清洗，并将部分滤料更换；清洗承托层；更换有

问题的密封件和滤头；对滤池各部位进行彻底清洗；对所有管路及管件等进行检修更换；对易腐蚀件进行防腐处理等。

⑭ 每班做好巡检和旁站，并记录以下内容：水量、工作时间、冲洗水量、运行状况等。取样送化验室检测的项目有：SS、COD_{Cr}、关键重金属离子等。

3.4　中和

酸碱废水主要来源于工业生产，如化工厂、化纤厂、印染厂、造纸厂、电镀厂、金属酸洗车间等。不同厂家、不同工艺产生的废水水质不同。排到自然界水体的需要将 pH 调到 6～9，排到企业污水处理站或城镇污水处理厂的需要将 pH 调到接水要求，一般是 5～10。对酸或碱含量高的废水，应考虑酸回收和碱回收，但应做成本效益对比核算。

3.4.1　中和处理法

酸性废水和碱性废水处理的基本原理是酸碱中和，但在实际中还要考虑废水中的其他污染物质。

酸性废水中和处理的方法主要有三种：加碱中和、用碱性废水中和、过滤中和。在实际应用中，以加碱中和居多。过滤中和主要以固体碱性药剂为滤料进行中和处理，一般有三种：等速升流中和滤池，变速升流中和滤池，滚筒中和滤池。常用的碱性药剂有：氢氧化钠，石灰（包括生石灰、熟石灰、石灰石、白云石、电石渣、锅炉灰等），碳酸钠。氢氧化钠由于易于储存、溶解和投加，反应迅速、不结垢等，在废水中和处理中应用较多，但价格较贵。石灰价格便宜，来源广泛，也是常用的中和药剂，但投加困难，卫生条件差；成分不纯杂质多；沉渣量大，不易脱水；易结垢，堵塞管道，污染探头等。

碱性废水中和处理的方法主要有三种：加酸中和、用酸性废水中和、烟道气中和。在实际应用中，以加酸中和居多。烟道气中和，一般应用于印染废水和造纸废水处理，因为这些厂一般需要加热，生产中使用燃煤锅炉，对于碱性废水常采用锅炉尾气湿式脱硫除尘，在此工艺中应注意设备防腐。常用的酸性药剂有硫酸和盐酸，硫酸应用得较多。

中和处理工程的加药量控制：现在主要采用 PLC 控制，将 pH 探头、pH 仪表、PLC 和加药泵联结构成 pH 控制系统，控制 pH 的高低范围值。

中和处理工程的防腐，主要涉及池体、管道和水泵的防腐。池体常用的防腐方法有：玻璃钢（环氧树脂加玻璃纤维、三布五油或五布七油），内衬橡胶，贴防腐砖等，以三布五油玻璃钢防腐居多。管道主要选用 PVC。水泵选型主要有不锈钢水泵、内衬防腐材料水泵等。

3.4.2　中和处理运行管理

① 应保证 pH 控制系统正常运行，要定期对 pH 探头进行清洗，对 pH 控制系统进行校正。

② 配药和加药注意安全。尤其注意，硫酸的稀释过程是强放热过程，应缓慢加入，不停搅拌，防止局部过热发生飞溅。

③ 注意做好设备防腐处理。

3.5　混凝

3.5.1　混凝原理

混凝是指投加混凝剂，在一定水力条件下完成水解、缩聚反应，使水中的悬浮小颗粒

（大于100nm）和胶体（1～100nm）凝聚成大的颗粒（大于10μm）脱稳和凝聚的过程。混凝法是工业废水和自来水净化常用的处理方法。混凝的主要去除对象是水中的细小悬浮颗粒和胶体，这些污染物质粒径小，沉降效果差，很难用自然沉降法去除，通过加入药剂产生较大的颗粒，则易于去除。

3.5.1.1　废水中胶体的稳定性

胶体的稳定性，是胶体颗粒在水中长期保持分散悬浮状态的特性。胶体（包括微小颗粒）由于具有稳定性，因而很难用重力沉淀法予以去除。

进一步分析，胶体的稳定性主要分为两种：动力学稳定和聚集稳定。

胶体动力学稳定性是由于颗粒布朗运动导致的稳定性。在废水中，粒径加大的、密度大于水的颗粒，布朗运动微弱，在重力作用下很快下沉。随着粒径变小，颗粒布朗运动变得越来越剧烈，沉降效果越来越差，这种现象称为动力学稳定性。颗粒越小，动力学稳定性越高。为了使颗粒沉降下来，应该增大颗粒粒径。

聚集稳定性是由于胶体颗粒之间不能聚集的特性。胶体颗粒分为憎水性的和亲水性的，两者都带有电荷。一般水体中的胶体颗粒带负电荷，如黏土、细菌、病毒、藻类、腐殖质等。对憎水性胶体颗粒而言，聚集稳定性主要取决于胶体颗粒表面的ζ电位。常见胶体的ζ电位如下：黏土胶体，$-40\sim-15\text{mV}$；细菌，$-70\sim-30\text{mV}$；藻类，$-15\sim-10\text{mV}$。

ζ电位愈高，同性电荷斥力愈大，小颗粒愈难碰撞结合形成大颗粒。ζ电位可用电泳法或激光多普勒电泳法测定。

对亲水性胶体，如有机胶体或高分子物质，胶体的电性对水分子有强烈吸附，使胶体颗粒周围包裹一层较厚的水化膜，阻碍胶体相互靠近，水化作用是亲水性胶体聚集稳定的主要原因。

3.5.1.2　混凝机理

对混凝脱稳、凝聚、絮凝有四种解释：压缩双电层、吸附电中和、吸附架桥、网捕作用。

（1）压缩双电层

废水中的负电荷胶体颗粒，投加带正电荷离子或聚合离子的铁盐或铝盐电解质，如果正电荷离子是简单离子，如Al^{3+}、Fe^{2+}、Ca^{2+}、Na^+，其作用是压缩胶体双电层，使胶体ζ电位降低至临界电位，胶体颗粒发生聚集作用，这种脱稳方式称为压缩双电层作用。

（2）吸附电中和

投加的铁盐或铝盐混凝剂，在水中形成带正电的聚合离子和多核羟基配合物，这些物质会吸附在胶体颗粒表面，中和胶体的负电，降低ζ电位，使胶体脱稳凝聚。当水中加入过多的铁盐或铝盐混凝剂时，水中原来带负电荷的胶体可变成带正电荷的胶体而出现胶体重新稳定的再稳现象。因此，混凝过程投加的混凝药剂要适量，这一范围可根据废水水质情况进行现场试验，得出合适的混凝剂投加范围。

（3）吸附架桥

投加的线性高分子絮凝剂由于结构上较长，能使多个胶体颗粒被附着在其表面，起着粒间架桥作用。高分子投加过少不足以将胶体颗粒架桥连接起来，投加过多时，将产生"胶体保护"作用。废水处理中应根据水质情况摸索出高分子絮凝剂的投量范围。

（4）网捕作用

当投加铝盐或铁盐混凝剂发生混凝反应形成较大的矾花时，水中的微细颗粒被矾花网捕、卷扫一起沉淀分离。这是一种机械作用。

在水处理中，这四种作用不是独立的，往往多种同时起作用，只是程度不同，在一定情况下以某种作用为主。

由以上机理可知，胶体混凝过程发生凝聚和絮凝两个过程，凝聚是胶体脱稳聚集过程，絮凝是胶体形成较大的矾花过程，混凝是凝聚和絮凝的总称。在概念上可以这样理解，但在废水处理中很难明确划分。

3.5.2 混凝药剂及选择

乳化液废水混凝破乳反应、印染废水脱色反应宜选择无机盐混凝剂，如硫酸铝、三氯化铁或硫酸亚铁。造纸白水的纸浆回收、化工废水中的大分子有机物以及涂装废水中涂料的凝聚等宜采用聚合氯化铝。混凝药剂的选择、加入量和加入顺序，应根据水质性质不同进行试验确定，在废水处理过程中，由于废水中污染物成分和浓度是动态变化的，因此应根据混凝出水效果做相应调整。

（1）常用的无机盐类混凝剂

常用无机盐类混凝剂见表3-6。

表3-6 常用无机盐类混凝剂

名称		水解产物	适用条件
铝盐	硫酸铝 $Al_2(SO_4)_3 \cdot 18H_2O$	Al^{3+}、$[Al(OH)_2]^+$、$[Al_2(OH)_n]^{(6-n)+}$	去除水中悬浮物 pH 宜控制为 6.5~8。适宜水温 20~40℃。破乳及去除水中有机物时，pH 宜为 4~7
	明矾 $KAl(SO_4)_2 \cdot 12H_2O$	Al^{3+}、$[Al(OH)_2]^+$、$[Al_2(OH)_n]^{(6-n)+}$	
铁盐	三氯化铁 $FeCl_3 \cdot 6H_2O$	$Fe(H_2O)_6^{3+}$、$[Fe_2(OH)_n]^{(6-n)+}$	对金属、混凝土、塑料均有腐蚀性。pH 的适宜范围在 7~8.5 之间。絮体形成较快，较稳定，沉淀时间短，对某些染料有较好的脱色效果。出水微黄
	硫酸亚铁 $FeSO_4 \cdot 7H_2O$	$Fe(H_2O)_6^{3+}$、$[Fe_2(OH)_n]^{(6-n)+}$	
聚合盐类	聚合氯化铝 $[Al_2(OH)_nCl_{6-n}]_m$ 代号：PAC	$[Al_2(OH)_n]^{(6-n)+}$	受 pH 和温度影响较小，吸附效果稳定。pH 为 6~9，适应范围宽。混凝效果好，耗药量少。设备简单，操作方便，劳动条件好
	聚合硫酸铁 $[Fe_2(OH)_n(SO_4)_{3-n/2}]_m$ 代号：PFS	$[Fe_2(OH)_n]^{(6-n)+}$	

（2）常用的有机合成高分子絮凝剂及天然絮凝剂

常用有机高分子絮凝剂及天然絮凝剂见表3-7。

表3-7 常用有机高分子絮凝剂及天然絮凝剂

名称	化学式及代号	基本性能
聚丙烯酰胺	$[CH_2CH(CONH_2)]_n$ 代号：PAM	高效高分子絮凝剂，分子量可达 150 万~600 万，有阴离子型、阳离子型、非离子型和两性型四类，分子结构为线性，废水处理中常用阴离子型，污泥脱水中常用阳离子型。在废水处理中常与铁盐或铝盐混凝剂配合使用，效果显著

名称	化学式及代号	基本性能
絮凝脱色剂	代号:脱色Ⅰ号	属于聚胺类高度阳离子化的有机高分子絮凝剂,对于印染废水、染料废水具有较好的脱色效果
天然植物改性絮凝剂	F691	白胶粉

（3）常用的助凝剂

常用助凝剂有 pH 调整剂、絮体结构改良剂和氧化剂。pH 调整剂有 H_2SO_4、CaO、$Ca(OH)_2$、NaOH、Na_2CO_3 等；絮体结构改良剂有活化硅酸、水玻璃、粉煤灰、黏土等；氧化剂有 Cl_2、NaClO、$Ca(ClO)_2$ 等。见表 3-8。

表 3-8　常用的助凝剂

名称	分子式	基本性能
生石灰	CaO	用于调整废水 pH
活化硅酸	$Na_2O \cdot SiO_2 \cdot yH_2O$	适用于硫酸亚铁和铝盐混凝剂,可缩短混凝沉降时间,减少混凝剂投加量
次氯酸钠	NaClO	可破坏水中的有机物和去除色度;可使 Fe^{2+} 变成 Fe^{3+}

一般情况下，絮体结构改良剂和氧化剂使用得较少。目前废水处理中常用的 pH 调整剂为氢氧化钠和石灰，混凝剂为 PAC 或硫酸亚铁，絮凝剂为阴离子 PAM。

3.5.3　影响混凝效果的因素

影响废水混凝处理效果的因素比较多，主要有废水水质、混凝药剂种类及投加量、药剂的投加顺序、水力条件等。

（1）废水水质

① pH。不同混凝药剂，废水的 pH 对其混凝效果影响程度不同。同时，还与废水中胶体性质有关。适宜废水的 pH，应试验确定。一般情况，对 PAC，适宜的 pH 范围是 5～9，硫酸亚铁的 pH 范围是 7～10。

② 水温。水温高低对混凝效果有一定的影响。水温较高时，水的黏度降低，布朗运动加快，增加胶体颗粒碰撞机会，有利于混凝过程。反之则不利于混凝过程。当水温较低（低于 5℃）时，混凝效果明显变差，应通过增加药量和提高搅拌强度，或投加助凝剂来强化混凝。加热和保温也是可选项，但成本较高。

③ 共存物质。有利于混凝的共存物质，如无机盐等，能压缩胶体颗粒扩散层厚度，促进胶体颗粒凝聚。

不利于混凝的共存物质，如磷酸根离子、亚硫酸根离子、高级有机酸离子等阻碍高分子絮凝作用。另外，水溶性高分子物质、表面活性剂和螯合物等不利于混凝。

（2）混凝药剂种类及投加量

一般情况下，将无机铝盐（或铁盐）与 PAM 组合使用混凝效果较好，且可减少药剂投加量。对有些类型的废水，也可只投加无机混凝剂或有机絮凝剂，这要对废水做试验，确定混凝药剂和投加量。

对所有废水，都存在混凝药剂投加量范围问题。一般情况下，普通铁盐和铝盐是 10～

100mg/L，聚合盐为普通盐的 1/3～1/2，有机高分子絮凝剂为 1～5mg/L。实际投加量根据混凝出水效果进行调整。混凝药剂若投加过多，容易造成胶体再稳，会降低混凝效果。

（3）药剂的投加顺序

一般情况，无机混凝剂和有机高分子混凝剂组合使用，投加顺序为：先加碱调节 pH，然后投加无机混凝剂，最后投加高分子混凝剂。实际运行中，应通过试验确定合适的投加顺序。

（4）水力条件

混凝过程是混凝药剂的水解、胶体脱稳过程，混凝药剂被加入废水中后，需要快速、充分地与废水混合，然后是絮凝体增大的反应过程，混合过程和反应过程对水力条件要求不同。

甘布（T. R. Camp）和斯泰因（P. C. Stein）研究了紊流状态下搅拌强度对混凝效果的影响，得出甘布公式：

$$G = \sqrt{\frac{P}{\mu V}}$$

式中　P——搅拌对流体输入的功率，W；

　　　μ——水的动力黏度，Pa·s；

　　　V——混凝池的有效容积，m³；

　　　G——速度梯度，s⁻¹。

一般情况下，混合阶段的 G 为 500～1000s⁻¹，搅拌时间为 10～30s；絮凝反应阶段的 G 为 10～200s⁻¹，搅拌时间为 10～30min。实际工程中，若采用搅拌机搅拌，主要是控制搅拌机的转速，一排连续三个池体，加碱和加 PAC 池搅拌机转速为 40～500r/min，加 PAM 池为 150～250r/min，停留时间都为 10～30min。

3.5.4 混凝工艺设备和装置

混凝工艺一般包括：混凝药剂的配置与投加、混合、絮凝反应、矾花分离四个过程。

3.5.4.1 药剂的配置与投加

混凝剂投加分为固体投加和液体投加两种方式，一般采用液体投加。因此，固体药剂应溶解后配成一定浓度的溶液再进行投加。

溶药在溶药池（槽）内完成，溶药池体积可按下式计算：

$$W_1 = (0.2 - 0.3) W_2$$

式中　W_1——溶药池体积，m³；

　　　W_2——加药池（罐）体积，m³。

为加速药的溶解，溶药池应安装搅拌装置，有机械搅拌、压缩空气搅拌和水力搅拌三种，可根据情况选用。空气搅拌，应控制曝气强度在 3～5L/(m²·s)，石灰乳液配制不宜采用压缩空气方法。

加药池（罐）容积可按下式计算：

$$W_2 = \frac{24 \times 100 \alpha Q}{1000 \times 1000 cn} = \frac{\alpha Q}{417 cn}$$

式中　α——混凝剂最大投加量，按无水产品计，石灰最大用量按 CaO 计，mg/L；

Q——处理的水量，m^3/h；

c——药液浓度，一般采用 $5\% \sim 20\%$（按混凝剂固体质量计算），或采用 $5\% \sim 7.5\%$（扣除结晶水计），石灰乳采用 $2\% \sim 5\%$（按纯 CaO 计）；

n——每日调制次数，应根据混凝剂投加量和配制条件等因素确定，一般不宜超过 3 次。

溶药池及加药池内壁需进行防腐处理。一般内壁涂衬环氧玻璃钢、辉绿岩、耐酸胶泥贴瓷砖或聚氯乙烯板等，当所用药剂腐蚀性不太强时，亦可采用耐酸水泥砂浆。废水处理混凝药剂含有杂质，溶药池及加药池池底坡度应不小于 0.02，池底应有排渣管，池壁应设超高，以防止溶液溢出。

一般采用加药泵加药，也可用泵前投加、水射器或高位槽加药。pH 调节可用 pH 控制系统控制，其他药剂采用阀门调节。

3.5.4.2　混合

药剂加入水中后，要快速均匀混合。混合可采用机械搅拌混合、管式混合器混合或水泵混合，也有采用空气搅拌混合。

（1）机械搅拌混合

机械搅拌混合是在池内安装搅拌装置，以电动机驱动搅拌装置使混凝药剂和废水充分混合的过程。搅拌装置可选用桨板式、螺旋桨式和透平式。见图 3-5。

搅拌器的直径按下式计算：

$$d = \left(\frac{1}{3} - \frac{2}{3} \right) D$$

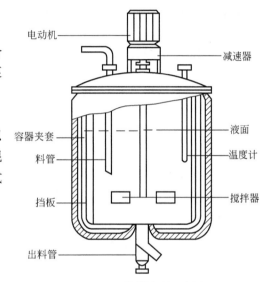

图 3-5　机械搅拌器示意图

式中　d——搅拌器桨叶直径，m；

　　　D——搅拌池当量直径，m。

当搅拌池为矩形时，其当量直径为：

$$D = \sqrt{\frac{4LB}{\pi}}$$

式中　L——搅拌池长度，m；

　　　B——搅拌池宽度，m。

搅拌池的有效容积，按下式计算。

$$V = Qt$$

式中　V——搅拌池有效容积，m^3；

　　　Q——废水流量，m^3/s；

　　　t——混合时间，若池体仅作为混合使用，一般可为 $10 \sim 30s$，若混合池可与絮凝反应池合建，则为 $15 \sim 30min$。

机械混合池在设计及运行过程中应避免水流与桨叶同步旋转而降低混合效果，可采取的措施有加中心导流筒或池体边壁加挡板。

（2）管式混合器混合

管式混合器有多种形式，常用的管式混合器为"管式静态混合器"，混合器内安装若干迷宫式混合单元，每一混合单元由若干螺旋叶片焊接而成。废水和药剂在混合单元内混合，被单元多次分割、改向形成紊流，达到混合的目的。混合器内废水流速一般为 1.0～1.5m/s，投药点至管道末端絮凝池的距离应小于 60m。该混合器水头损失较大，但可立体排列，占地小，混合好，适宜用地紧张的废水处理站采用。缺点是：当流量过小时，混合效果下降，故在实际操作时，应保证废水流量。

（3）水泵混合

药剂投加在提升泵吸水管或喇叭口处，利用水泵叶轮高速旋转以达到快速混合的目的。优点是：不需另建混合池，节省动力。但因废水和混凝药剂对水泵有腐蚀作用，故废水处理中较少采用。

（4）混合设备的选型

混合设备的选型应根据污水水质情况和相似条件下的运行经验或通过试验确定。

① 机械混合适用于废水成分复杂、水质水量多变的情况，混合池可与絮凝反应池合建。

② 管式混合器混合适用于废水水量稳定、不含纤维类物质，水泵有富余水头可利用的情况。

③ 水泵混合适用于废水泥沙含量少、悬浮物浓度低，水泵离反应设备近的情况。

3.5.4.3 絮凝反应

污水处理中常用的絮凝反应有机械搅拌絮凝池、竖流折板絮凝池、网格（栅条）絮凝池、隔板絮凝池等。

（1）机械搅拌絮凝池

同机械搅拌混合池，有水平轴式和垂直轴式两种，见图 3-6。

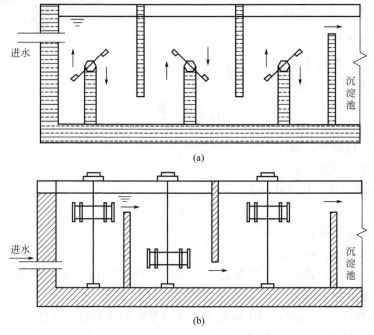

图 3-6　水平轴式机械絮凝池（a）和垂直轴式机械絮凝池（b）

主要设计参数如下：

① 反应池一般应设三格以上。各格设相应档数的搅拌器，搅拌器多用垂直轴。

② 桨叶可为平板型、叶轮式，桨叶中心线速度应为 0.5～0.2m/s，各格线速度应逐渐减小。

③ 垂直轴式的上桨板顶端应设于池子水面下 0.3m 处，下桨板底端设于距池底 0.3～0.5m 处，桨板外缘与池侧壁间距不大于 0.25m。

④ 每根搅拌轴上桨板总面积宜为水流截面积的 10%～20%，不宜超过 25%，桨板的宽长比为 1/15～1/10。

⑤ 垂直轴式机械絮凝池应在池壁设置固定挡板。

⑥ 反应池单格宜建成方形，单边尺寸宜＞800mm，池深一般为 2.5～4m，池边应设检修平台。

机械搅拌絮凝池适用于中小水量污水与各类工业废水混凝处理，可与沉淀池或气浮池合建；易于根据水质水量的变化调整水力条件；可根据反应效果调整药剂投加点，改善絮凝效果。

（2）竖流折板絮凝池

池体内安装折板，水在折板间隙边流动、边混合、边反应，形成絮体。折板安装有两种类型：同波折板（波峰对波谷）和异波折板（波峰相对）。折板间距应根据水流速度由大到小改变，折板之间水流速度通常可分段设计，段数不宜少于 3 段，各段流速可分别为：

第一段，0.25～0.35m/s；

第二段，0.15～0.25m/s；

第三段，0.10～0.15m/s。

折板夹角为 90°～120°，波高一般为 0.25～0.4m，板长 0.8～1.5m。折板可用钢丝网水泥板或塑料板拼装而成，也可用 PVC 波纹板。在板型组合方式上，三段可依次采用异波折板、同波折板及平行直板。

竖流折板絮凝池应用较广泛，适用于水量变化不大的大中型污水处理厂（站）。

（3）网格（栅条）絮凝池

网格（栅条）絮凝池，把池体分隔成多格竖井，每格竖井安装多层网格或栅条，各竖井之间的隔墙上，上下交错开孔。每个竖井内的网格或栅条数自进水端至出水端逐渐减少。当水流通过网格或栅条时，通过流道的收缩与扩大，形成漩涡，造成颗粒碰撞，达到絮凝目的。网格可分为三段，前段、中段、末段，可分别为 16 层、10 层、4 层。上下两层间距为 60～70cm，每格的竖向流速前段至末段由 0.20～0.10m/s 逐步递减。三段的网孔或栅孔流速分别为 0.25～0.30m/s、0.22～0.25m/s、0.10～0.22m/s。

网格（栅条）絮凝池适用于中小水量污水絮凝处理，可与沉淀池或气浮池合建，含纤维类、油类物质较多的污水不宜采用本反应池。在运行过程中存在网眼堵塞、网格上滋生藻类等现象。

也可将上述絮凝池组合使用，相互互补，取长补短。

3.5.4.4　矾花分离

污水混凝处理反应完全后产生的沉淀物称为矾花，通常矾花的固液分离方法有沉降分离、过滤和其他（包括气浮分离、电分离和磁分离等）。

3.5.5　混凝工艺运行管理

① 定期巡查，观察矾花生成和沉淀池沉淀效果情况，发现异常，应及时采取措施。观察设备运转是否正常，包括温升、响声、振动、电压、电流等，发现问题及时检查排除，并做好设备维修保养记录。观测搅拌机运转是否正常，搅拌轴及叶轮有否锈蚀或损坏。

② 经常检查溶药系统和加药系统的运行情况，及时排出溶药池和加药池池底的沉渣，防止堵塞。若发现加药管道堵塞，应及时解决。

③ 定期做混凝试验，检查药剂投加量对混凝效果的影响，根据混合池、反应池和沉淀池的效果，及时调整混凝药剂投加量。

④ 调整搅拌机转速、桨板（叶轮）半径等参数以保证混凝效果。

⑤ 做好池体及设备防腐工作。

⑥ 当冬季水温较低时，混凝效果变差，可采取增加混凝剂药量，还可投加混凝助剂，以提高混凝效果。应经常检查加药管运行情况，防止冻裂。

⑦ 定期取样分析水质指标，如水温、pH、SS、COD、关键金属离子等，分析加药量与处理效果的关系。

⑧ 应保持设备各运转部位的润滑状态，及时添加润滑油、除锈；发现漏油、渗油情况应及时解决。

⑨ 做好日常运行记录，包括处理水量、进出水水质、加药量、矾花大小及沉淀效果等。混凝工艺常见异常现象及对策见表3-9。

表 3-9　混凝工艺常见异常现象及对策

异常现场	可能原因	解决措施
絮凝池末端絮体适中,沉淀池出水有絮体	1. 沉淀池水量过大 2. 沉淀池水流短路	1. 增加沉淀池运营个数或时间 2. 查明短路原因,进行改进
絮凝池末端絮体细小,沉淀池沉淀效果差	1. 絮凝池 pH 过低 2. 混凝剂投加量不足或过多 3. 水温太低 4. 絮凝反应搅拌强度过大	1. 调整 pH 范围 2. 调整混凝剂用量 3. 补加混凝助剂 4. 调整搅拌机转速

3.6　化学沉淀

3.6.1　化学沉淀原理

向废水中投加化学药剂，使它和废水中的某些溶解性物质发生化学反应，生成难溶于水的盐类物质，从而降低这些溶解性物质的浓度和含量，这种方法称为化学沉淀法。化学沉淀法常用于去除废水中的汞、镉、铅、镍、铜、锌等金属，砷、氟等非金属毒性物质。

盐类物质在水中的溶解度服从溶度积原则。即在一定温度下，盐类 $M_m N_n$ 饱和水溶液中，各种离子浓度幂的乘积为一常数，称为溶度积常数，用 K_{sp} 表示。

$$M_m N_n \rightleftharpoons m M^{n+} + n N^{m-}$$

$$K_{sp} = [M^{n+}]^m [N^{m+}]^n$$

式中　M^{n+}——金属阳离子；

　　　　N^{m-}——阴离子；

[　]——物质的量浓度，mol/L。

废水处理中，常用溶度积见表 3-10。

表 3-10　废水处理中常用溶度积

化合物	溶度积	化合物	溶度积
AgCl	1.6×10^{-10}(25℃)	HgS	2.0×10^{-49}(18℃)
Ag_2CO_3	6.2×10^{-12}(25℃)	$NiCO_3$	6.6×10^{-9}(25℃)
Ag_2S	1.6×10^{-49}(18℃)	$Ni(OH)_2$	2.0×10^{-15}(25℃)
$CdCO_3$	5.2×10^{-12}(25℃)	NiS	1.4×10^{-24}(18℃)
$Cd(OH)_2$	2.2×10^{-142}(25℃)	$PbCO_3$	3.3×10^{-14}(18℃)
CdS	3.6×10^{-29}(18℃)	$Pb(OH)_2$	1.2×10^{-15}(25℃)
$Cr(OH)_3$	6.3×10^{-31}(25℃)	PbS	3.4×10^{-28}(18℃)
$Cu(OH)_2$	5.0×10^{-20}(25℃)	$Sn(OH)_2$	6.3×10^{-27}(25℃)
CuS	8.5×10^{-45}(18℃)	$Zn(OH)_2$	1.8×10^{-14}(18℃)
Cu_2S	2.0×10^{-47}(18℃)	ZnS	1.2×10^{-23}(18℃)
FeS	3.7×10^{-19}(18℃)		

3.6.2　化学沉淀类型

按照加入的化学药剂不同，化学沉淀法主要有氢氧化物沉淀法、硫化物沉淀法、碳酸盐沉淀法及其他沉淀法。由于化学沉淀的絮体较细，一般需要辅助加混凝药剂来提高沉淀效果。

（1）氢氧化物沉淀法

加入碱性药剂，使废水中的金属离子生成氢氧化物沉淀而得以去除，称为氢氧化物沉淀法。常用的碱性药剂有氢氧化钠、石灰、碳酸钠等。常采用氢氧化物沉淀法去除的金属离子有 Cu^{2+}、Ni^{2+}、Pb^{2+}、Zn^{2+}、Cr^{3+}、Cd^{2+}、Sn^{2+} 等。络合离子，如络合铜或络合镍离子，应先氧化破络后再用化学沉淀法去除。CrO_4^{2-} 或 $Cr_2O_7^{2-}$，应先还原成 Cr^{3+} 后，再用沉淀法去除。

氢氧化物沉淀法处理废水的关键是控制合适的 pH。一般金属离子，必须大于一定的 pH，才能使沉淀处理后出水达标。对两性金属，应控制一定 pH 范围，以防止其再溶，$Cr(OH)_3$、$PbO_2\cdot H_2O$、$Zn(OH)_2$ 重新溶解的 pH 分别为 >9、>9.5、>10.5。

（2）硫化物沉淀法

许多重金属离子可以与硫离子反应生成沉淀物，通过投加硫化物使金属离子产生沉淀的方法称为硫化物沉淀法。大多数金属硫化物的溶度积比氢氧化物小，因此硫化物沉淀法处理后的水的金属离子浓度更低，能稳定达标。常用的硫化物药剂有 Na_2S、NaHS、H_2S、CaS_x、$(NH_4)_2S$ 等，工程实际以加 Na_2S 为主。由于 S^{2-} 本身也是污染指标，且贡献 COD，因此，必须控制 S^{2-} 的浓度，不要过量太多。

（3）碳酸盐沉淀法

部分金属的碳酸盐溶度积较小，对于高浓度的重金属废水，也可采用投加碳酸盐的方法进行处理。如：

含锌废水　　　　　　　　$Zn^{2+}+Na_2CO_3\longrightarrow ZnCO_3+2Na^+$

含铜废水　　　　$2Cu^{2+}+CO_3^{2-}+2OH^-\longrightarrow Cu_2(OH)_2CO_3$

含铅废水　　　　　　　　$Pb^{2+}+Na_2CO_3\longrightarrow PbCO_3+2Na^+$

（4）其他沉淀法

有氯化物沉淀、氟化物沉淀、磷酸盐沉淀、淀粉黄原酸酯沉淀、铁氧体沉淀、钡盐沉淀等。

氯化物沉淀，可用于去除废水中的 Ag^+，该法可分离回收银。如若是氰法镀银工艺，则废水中银离子与氰根形成络合体 $[Ag(CN)_2]^-$，应先破络，再沉银。废水中的氟离子，可采用加石灰生成 CaF_2 沉淀。含正磷酸盐废水，可通过加入铁盐或铝盐，使磷酸盐生成羟基磷酸铁（或铝）沉淀而得以去除。

3.7 氧化还原

3.7.1 氧化还原原理

对于废水中能被氧化或还原的污染物质，可通过加入氧化剂或还原剂，使之变为无毒或低毒的物质，达到废水处理的目的，这种方法称为氧化还原法。氧化还原过程中，失去电子的过程叫氧化，得到电子的过程叫还原。有机物的氧化还原过程中，一般将加氧或去氢的反应或与强氧化剂反应生成 CO_2、H_2O 的过程称为氧化反应，把加氢或去氧的反应称为还原反应。

污水处理中常用的氧化剂有次氯酸钠、双氧水、漂白粉、臭氧、氯气、空气等；常用的还原剂有亚硫酸钠、亚硫酸氢钠、焦亚硫酸钠、硫酸亚铁、铁屑等。

3.7.2 氧化法处理废水

（1）氯氧化法

氯氧化法在废水处理中主要用于氰化物、硫化物、酚、醛、醇等去除，也可用于脱色、除臭、杀菌等。常用的氯氧化剂有次氯酸钠、漂白粉、二氧化氯、液氯等，以次氯酸钠使用居多。

① 含氰废水的处理。一般采用碱性氯化法，分为两步进行。

一级氧化反应：

$$CN^- + ClO^- + H_2O \Longrightarrow CNCl + 2OH^-$$
$$CNCl + 2OH^- \longrightarrow CNO^- + Cl^- + H_2O \qquad (pH \geqslant 10.5)$$

二级氧化反应：

$$2CNO^- + 3ClO^- + H_2O \longrightarrow N_2\uparrow + 3Cl^- + 2HCO_3^- \qquad (pH 为 6.5\sim 8)$$

工艺流程见图 3-7。

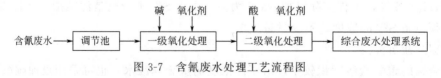

图 3-7 含氰废水处理工艺流程图

加入碱或酸的量，可用 pH 控制系统控制；加入氧化剂的量，可用 ORP（氧化还原电位）控制系统控制。控制参数如下。

一级氧化：pH≥10.5，ORP≥350mV，反应时间 10~15min；

二级氧化：pH6.5~8，ORP≥650mV，反应时间 10~15min。

② 含酚废水的处理。以液氯或漂白粉为氧化剂氧化苯酚，加入氧化剂必须过量，否则

将产生氯酚。反应如下式：

$$C_6H_5OH + 8Cl_2 + 7H_2O \longrightarrow (CHCOOH)_2 + 2CO_2 + 16HCl$$

若用 ClO_2 作为氧化剂，则可使酚全部分解，而无氯酚味，但药剂费用较高。

（2）空气氧化法处理含硫废水

含硫废水主要来源于石油冶炼、某些化工厂和制革工业等。此类废水中的硫主要以 S^{2-} 存在。处理方法是：向废水中注入空气和蒸汽，硫化物被氧化为硫代硫酸盐或硫酸盐。反应如下：

$$2HS^- + O_2 \longrightarrow S_2O_3^{2-} + H_2O$$

$$2S^{2-} + 2O_2 + H_2O \longrightarrow S_2O_3^{2-} + 2OH^-$$

$$S_2O_3^{2-} + 2O_2 + 2OH^- \longrightarrow 2SO_4^{2-} + H_2O$$

注入水蒸气的目的是提高水温，加快反应，一般将水温升高到90℃。

空气氧化脱硫的过程，一般要在密闭的塔内进行。

（3）臭氧氧化法

臭氧（O_3）是一种强氧化剂，其氧化能力仅次于氟。臭氧在废水处理中可用于除臭、脱色、杀菌、除氰化物、除有机物等。如氰和臭氧反应为：

$$2CN^- + 2O_3 \longrightarrow 2CNO^- + 2O_2$$

$$2CNO \cdot H_2O + 3O_3 \longrightarrow 2HCO_3^- + N_2 + 3O_2$$

影响臭氧氧化的主要因素有废水中污染物的性质、浓度、pH、温度，臭氧的浓度和用量、臭氧的投加方式和反应时间等。

臭氧一般现场制备，常用无声放电法制备臭氧，但耗电量很大。另外，臭氧有一定的毒性，为防止中毒，应保持良好的通风环境。

3.7.3　还原法处理废水

（1）亚硫酸钠还原法

该法可用于去除含六价铬的废水。在酸性条件下，向废水中投加还原剂亚硫酸钠，将废水中的六价铬还原为三价铬后，然后投加石灰或氢氧化钠，生成氢氧化铬沉淀。反应方程式如下：

$$Cr_2O_7^{2-} + 3SO_3^{2-} + 8H^+ \longrightarrow 2Cr^{3+} + 3SO_4^{2-} + 4H_2O \qquad (pH < 2.5)$$

$$Cr^{3+} + 3OH^- \longrightarrow Cr(OH)_3 \downarrow \qquad (pH 为 7\sim8)$$

加入酸或碱的量，可用pH控制系统控制；加入还原剂的量，可用ORP（氧化还原电位）控制系统控制。控制参数如下：$pH \geqslant 2.5$，ORP为 $230 \sim 270mV$，反应时间 $20\sim30min$。

还原剂也可以选用亚硫酸氢钠和焦亚硫酸钠（$Na_2S_2O_5$），应综合考虑成本和处理效果。

（2）硫酸亚铁石灰法

硫酸亚铁的 Fe^{2+} 起还原作用，在pH为2~3的条件下，六价铬离子被还原为三价铬离子。反应如下：

$$H_2Cr_2O_7 + 6FeSO_4 + 6H_2SO_4 \longrightarrow Cr_2(SO_4)_3 + 3Fe_2(SO_4)_3 + 7H_2O$$

然后用石灰进行中和沉淀，反应如下：

$$Cr_2(SO_4)_3 + 3Ca(OH)_2 \longrightarrow 2Cr(OH)_3 + 3CaSO_4$$

连续处理时，反应时间应大于30min；间歇处理时，反应时间宜为2~4h。

3.8 【工程实例】电镀园区废水处理及回用工艺

3.8.1 概述

某电镀工业园区占地面积 500 亩（15 亩＝1 公顷），工业园建立于 2004 年初，涉及的镀种有镀镍、镀锌、镀铬、镀铜等，生产线共有 88 条，其中自动线 27 条，半自动的 29 条，手动的 32 条；镀镍生产线有 25 条，镀铜生产线有 40 条，镀锌生产线有 23 条。

废水主要来源于生产过程中各工序的清洗废水和地面清洗水及跑、冒、滴、漏和事故排水等，主要含有 Zn^{2+}、Cu^{2+}、Ni^{2+}、Cr^{6+}、Cr^{3+}、CN^-、COD_{Cr}、SS、NH_3-N 等污染物。废水总排放量为 4500m^3/d，其中前处理废水占总水量 34%，含氰废水占 18%，含铬废水占 20%，含镍废水占 8%，重金属废水占 12.5%（其中焦铜废水占 5%），混合废水占 7.5%。

为了保护环境，该工业园区决定新建一套污水处理设施，对生产废水进行分类处理，处理后出水标准执行《电镀污染物排放标准》（GB 21900—2008）的新建企业水污染物排放限值，并对处理后的废水进行深度处理并回用，回用率达到 60%，剩余 40% 废水经处理达标后排放。

3.8.2 废水处理工艺

前处理废水、含氰废水、含铬废水、含镍废水、重金属废水分别进行处理达标后再进入深度处理并回用，混合废水经处理达标后直接排放。工艺流程如图 3-8 所示。

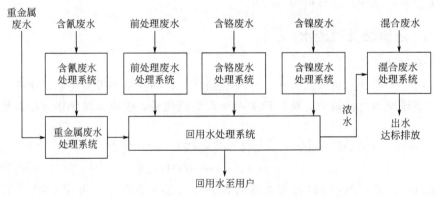

图 3-8 废水处理工艺流程图

（1）前处理废水

前处理废水为酸性或碱性，COD 浓度较高，氯离子浓度约 1000mg/L，需要单独进行处理。采用"物化＋生化"的处理工艺，主要处理设施有调节池、混凝沉淀池、气浮池、水解酸化池、好氧池和二沉池。出水进入中间水池待进行深度处理。

（2）含氰废水

含氰废水在碱性条件下用 NaClO 完全氧化法破坏氰化物，采用二级破氰法，连续处理，机械搅拌。破氰的关键在于控制反应 pH 和氧化还原电位（ORP），为此采用两套 pH 控制仪和 ORP 控制仪准确控制加药量，保证破氰充分进行。

一级处理 pH 为 11~12，氧化还原电位控制在 300mV，停留时间约 20~30min，将氰化物氧化为氰酸盐,即局部氧化。水力停留时间超过 30min。

$$CN^- + ClO^- + H_2O \longrightarrow CNCl + 2OH^-$$

$$CNCl + 2OH^- \longrightarrow CNO^- + Cl^- + H_2O$$

次氯酸根与络合氰化物反应:

$$[Zn(CN)_4]^{2-} + 4ClO^- \longrightarrow Zn^{2+} + 4Cl^- + 4CNO^-$$

$$2[Cu(CN)_3]^{2-} + 7ClO^- + H_2O \longrightarrow 2Cu^{2+} + 6CNO^- + 7Cl^- + 2OH^-$$

二级处理 pH 为 7.5～8.0,氧化还原电位控制在 650mV,停留时间约为 10min,将生成的氰酸盐进一步氧化成二氧化碳和氮,即完全氧化。水力停留时间超过 30min。

$$2CNO^- + 3ClO^- \longrightarrow CO_2 \uparrow + N_2 \uparrow + 3Cl^- + CO_3^{2-}$$

破氰后的废水进入重金属废水处理系统,与重金属废水一同处理。

（3）含铬废水

含铬废水需将废水中的六价铬还原,在反应池中投加亚硫酸钠或亚硫酸氢钠将六价铬还原为三价铬,以便后续处理生成氢氧化物沉淀。采用连续操作,机械搅拌。还原反应的关键在于控制反应的 pH 和氧化还原电位（ORP）,为此采用一套 pH 控制仪和一套 ORP 控制仪,由计量泵准确控制加药量以保证六价铬还原为三价铬反应充分进行。反应 pH 控制为 2～3,氧化还原电位控制在 300mV 左右。

$$2H_2Cr_2O_7 + 6NaHSO_3 + 3H_2SO_4 \longrightarrow 2Cr_2(SO_4)_3 + 3Na_2SO_4 + 8H_2O$$

为确保出水水质,在混凝沉淀后增加砂滤工艺,进一步去除悬浮物,出水自流至中间水池。

（4）含镍废水

含镍废水主要为离子镍,直接采用加碱沉淀即可,其反应机理如下:

$$Ni^{2+} + 2OH^- \longrightarrow Ni(OH)_2 \downarrow \qquad 最佳沉淀 pH > 9.5$$

含镍废水加碱沉淀后,将 pH 回调,投加混凝剂和助凝剂,充分反应后在沉淀池进行固液分离,再经砂滤池过滤,出水进入中间水池。

（5）重金属废水

铜锌电镀清洗废水和经过破氰后的含氰废水一并进入重金属废水调节池待处理。焦磷酸铜废水中铜主要以络合物形式存在,因此该类废水在强碱条件下投加酸进行破络反应,再进入重金属废水调节池与其他重金属废水混合处理。

重金属废水设计采用氢氧化物沉淀法去除废水中重金属污染物,氢氧化物沉淀与 pH 有很大的关系。当污水的 pH 过高或污水中存在有害的离子配位体时,能与金属离子结合成可溶性络合物,从而使重金属"反溶解"到水中去。

$$Cu^{2+} + 2OH^- \Longrightarrow Cu(OH)_2 \qquad 最佳沉淀 pH > 8.0$$

$$Zn^{2+} + 2OH^- \Longrightarrow Zn(OH)_2 \qquad 最佳沉淀 pH 9～10$$

重金属废水在沉淀池进行液固分离后,再经过砂滤池,上清液出水进入中间水池。

（6）混合废水

混合废水中含各种污染物质,无法进行分离,必须作为一股特殊废液进行单独处理。事故废水是车间中因发生操作异常或事故造成含氰、含铬以及其他重金属废水混合。必须引入废水处理站的事故池,与混合废水一起处理;膜浓水由于回用处理以后污染物浓缩,引起浓水中污染物超标,因此膜浓水必须进行处理至达标后才能排放;将混合废水、事故废水与膜浓水在调节池匀质匀量后,进行两级破氰以及破铬预处理后进行混凝沉淀,再进行 A/O 生化处理，进一步去除 COD_{Cr} 及总氮，出水达标后排放。

（7）回用水处理

生产工序中产生的各种废水经处理后再进行深度处理，可进一步去除水中大部分离子、有机物、色度和硬度，达到回用于生产用水的要求，一方面减少废水排放，另一方面节约水资源、降低生产成本。

但回用水水质标准与生产线实际水要求和回用处理技术有关，既要满足当地环保部门的要求，又要具有合理的经济性，因此确定回用水水质标准和回用率是关键，直接影响回用水的处理工艺和经济性。

本项目回用率按 60% 计，回用水主要用于电镀铜、化学铜清洗工序，电镀镍、化学镍清洗工序，镀铬、镀锌清洗工序，钝化后清洗工序等。以上各用水水质达到自来水标准即可，因此回用水的水质要求见表 3-11。

表 3-11　回用水水质要求　　　　　　　　　　　　　　　　　　　mg/L

名称	pH	SS	石油类	COD_{Cr}	浊度	氯离子	总硬度 （以 $CaCO_3$ 计）	溶解性 总固体
水质要求	6.5~8.5	≤30	≤1.0	≤60	≤5	≤250	≤450	≤1000

回用水处理采用双膜法。为避免废水中各种离子尤其是氯离子的累积，浓水在处理达标后直接排放，不再进行回用处理。

3.8.3　结论及建议

废水经处理后，出水达到标准排放；回用水水质及回用率达到生产要求。废水处理系统运行费用约 16 元/m^3，回用水处理系统运行费用（不含折旧费）约 3.6 元/m^3。为节约费用，达到节能减排的目的，提出以下建议：

① 园区企业实行清洁生产；

② 加强对园区内企业的有效监管；

③ 改进电镀废水收集及输送方式，采用多管排水，严格按照废水分类进行排放，对每家企业排水水质水量进行监控，设立事故报警系统，杜绝混排现象发生；

④ 设置废水处理站在线监控系统，对处理不合格的废水应返回废水处理系统重新处理。

3.9　【工程实例】红五月良种奶牛场养殖废水处理工程

3.9.1　背景知识

畜禽业是我国农业和农村经济的重要组成部分，畜禽养殖业大力发展所带来的环境污染问题日益严重，不仅影响经济发展，而且还危及生态安全，已成为人们普遍关注的社会问题。畜禽养殖场产生的粪便和污水造成地表水、地下水、土壤和环境空气的严重污染，直接影响了人们的身体健康和正常生产生活。畜禽养殖场未经处理的污水中含有大量污染物质，其污染负荷很高。这种高浓度有机废水直接排入或随雨水冲刷进入江河湖库，大量消耗水体中的溶解氧，使水体变黑发臭。水中含有大量的 N、P 等营养物是造成水体富营养化的重要原因之一，排入鱼塘及河流使对有机物污染敏感的水生生物逐渐死亡，严重者导致鱼塘及河流丧失使用功能。养殖污水长时间渗入地下，使地下水中的硝态氮或亚硝态氮浓度增高，地下水溶解氧含量减少，有毒成分增多，导致水质恶化，甚至丧失其使用功能，同时危及周边生活用水水质。高浓度污水还可导致土壤孔隙堵塞，造成土壤透气、透水性下降及板结、盐化，严重降低土壤质量，甚至伤害农作物，造成减产和死亡。

畜禽养殖过程中产生的废水，主要来源于牛舍冲洗水，其中含尿液、残余粪便及饲料残渣。而清粪方式对水量、水质的影响极大。清粪方式主要有三种：干清粪、水冲粪和水泡粪。

干清粪是畜禽排放的粪便一经产生便通过机械或人工收集、清除，尿液、残余粪便及冲洗水则从排污道排出的清粪工艺。干清粪工艺分为人工清粪和机械清粪两种。人工清粪只需用一些清扫工具、人工清粪车等，设备简单，不用电力，一次性投资少，还可以做到粪尿分离，便于后面的粪尿处理。其缺点是劳动量大，生产率低。机械清粪包括铲式清粪和刮板清粪。机械清粪的优点是可以减轻劳动强度，节约劳动力，提高工效。缺点是一次性投资较大，还要花费一定的运行维护费用。而且国内目前生产的清粪机故障发生率较高、运行稳定性较差。而由于工作部件上粘满粪便，维修困难。此外，清粪机工作时噪声较大，不利于畜禽生长。

水冲粪是畜禽排放的粪、尿和污水混合进入粪沟，每天数次放水冲洗，粪水顺粪沟流入粪便主干沟后排出的清粪工艺。水冲粪方式可保持猪舍内的环境清洁，有利于动物健康。但耗水量大，且粪水固液分离后，大部分可溶性有机物质及微量元素等留在污水中，污水中的污染物浓度仍然很高，而分离出的固体物养分含量低，肥料价值低。

水泡粪是在畜禽舍内的排粪沟中注入一定量的水，将粪、尿、冲洗和饲养管理用水一并排放至漏缝地板下的粪沟中，贮存一定时间（一般为1～2个月），待粪沟填满后，打开出口闸门，沟中的粪水顺粪沟流入粪便主干沟后排出的清粪工艺。水泡粪工艺比水冲粪工艺节省用水，但该工艺操作过程中，由于粪便长时间在畜禽舍中停留，形成厌氧发酵，产生大量的有害气体，如 H_2S（硫化氢）、CH_4（甲烷）等，恶化舍内空气环境，危及动物和饲养人员的健康。粪水混合物的污染物浓度更高，后处理也更加困难。

总体来说，干清粪工艺产生的冲洗废水量少、废水污染物浓度低；水冲粪产生的冲洗废水量最多、废水污染物浓度较高；水泡粪产生的冲洗废水量较多、废水污染物浓度最高。

3.9.2 工程概况

粤西红五月良种奶牛场主要从事良种奶牛养殖，占地约300亩（15亩＝1公顷），周围配套种植桉树林和橡胶树林。奶牛存栏量2000头（混合群），主要喂食玉米秆、羊草、苜蓿草、柱花草等青粗料和混合专用饲料，年产鲜奶7000t。

该场牛舍采用干清粪方式，引进国外先进的自动刮板清粪系统，实现自动机械清粪。干粪经发酵、添加营养元素后，制成有机肥料，进行资源化利用。牛舍定时冲洗，冲洗废水含有尿液和粪便，有机物浓度高，NH_3-N、SS含量高。按要求，该场养殖废水需达到零排放，因此废水经一系列的处理后回用于养殖棚清洗和橡胶林浇灌，不外排。

3.9.3 水量、水质及出水标准

根据养殖规模、清粪方式，以及该场实际生产运营情况，废水处理量按300m³/d计，24h连续运行。

其具体的水质见表3-12。处理后的水质参考广东省地方标准《广东省畜禽养殖业污染物排放标准》（DB 44/613—2009）。出水回用于养殖棚清洗和橡胶林浇灌，不外排。

表 3-12　进出水水质情况表

项目	COD$_{Cr}$ /(mg/L)	BOD$_5$ /(mg/L)	SS /(mg/L)	NH$_3$-N /(mg/L)	pH	总磷 /(mg/L)	粪大肠菌群数/(个/L)	蛔虫卵 /(个/L)
进水	≤40000	≤15000	≤3000	≤1000	6.0～9.0	≤60	—	—
出水	≤400	≤150	≤200	≤80	6.0～9.0	≤8	≤10000	≤2

3.9.4　工艺流程及说明

工艺流程见图 3-9。

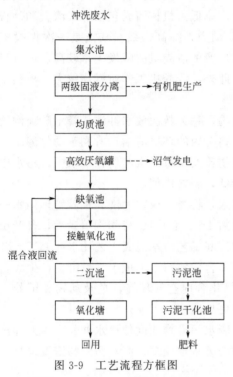

图 3-9　工艺流程方框图

说明：--→沼气；---→污泥；——→废水

牛舍冲洗废水排入集水池后，通过螺旋挤压机进行固液分离，分离出来的残渣干湿度适中，是一种优质有机肥原料，经过堆肥熟化后成为有机肥。

分离出的废水进入均质池，对水质水量进行调节，有利于后续厌氧系统稳定运行。在厌氧系统中，污水中的有机物被厌氧微生物分解转化成有机酸，并生成沼气。沼气用于场内发电，并设火炬燃烧器进行备用。

废水经厌氧发酵后进入缺氧池，与接触氧化池的回流水形成缺氧环境，一方面，厌氧环境和好氧环境的混合使缺氧池中的溶解氧保持在 0.2～0.5mg/L 的范围内；另一方面，由于厌氧发酵灌出水具有较高的水温，接触氧化池中的回流水可以起到缓冲的作用，避免因高温导致生物活性下降，进而影响去除效果。废水中氨氮在接触氧化池中被氧化成亚硝酸盐氮和硝酸盐氮，在缺氧池中经反硝化菌的作用实现脱氮。

缺氧池出水自流至接触氧化池，接触氧化池中装有生物填料，底部安装微孔曝气器。在充氧的条件下，填料上附着由大量微生物群形成的生物膜，对有机物降解起主要的作用。当废水流经填料层时，水中有机污染物被微生物吸附、分解。好氧微生物便以有机物为营养不断地进行新陈代谢，使有机物彻底氧化为二氧化碳和水。出水一部分回流至缺氧池进行脱氮，剩余部分进入二沉池进行固液分离。二沉池产生的污泥部分回流至缺氧池和接触氧化池补充生物量，同时也避免了因夏季温度过高，池中生物活性下降，回流生物能起到提高整体活性的作用，保证系统的正常运行。

二沉池上清液进入到后续的氧化塘，对有机物和氨氮作进一步的处理。氧化塘池底夯实，敷设 2cm 厚 HDPE 膜防渗。增设曝气设备，强化净化能力。最终出水则回用于养殖棚清洗及橡胶林的浇灌。剩余污泥经干化后，作有机肥生产原料。

3.9.5　运行经验总结

由于奶牛养殖喂食了玉米秆、羊草、苜蓿草、柱花草等青粗料，因此，粪便中含有未消化完全的植物纤维。如果在废水处理前端采用普通的离心泵，容易产生堵塞，导致水泵损坏。因此，采用带有切割功能的潜水泵，能避免堵塞的情况发生，系统能稳定运行。

同样原因，二次沉淀池如果采用竖流式沉淀池，沉淀效果差，出水含细纤维物质。采用斜管沉淀池，池内的蜂窝状填料使植物纤维沉淀下来，出水澄清。

此外，养殖场中配套一定面积的氧化塘和人工经济林，是资源综合利用、实现废水零排放的保障。养殖废水中的氨氮含量高，废水排到氧化塘中，并停留一段时间，利用塘中的动植物、微生物和藻类形成的特殊生态系统，可实现有机物尤其是氮、磷的降解。

桉树林、橡胶林等人工经济林能很好地消纳畜禽养殖废水。但粪肥还林利用时，用量不能超过作物当年生长所需的养分量。尤其在夏季，更应薄施肥。同时应有一倍以上的土地用于轮作施肥，不得长期施肥于同一土地。

奶牛场牛舍及奶牛场效果图分别见图 3-10、图 3-11。

图 3-10　奶牛场牛舍

图 3-11　奶牛场效果图

试题练习

1. 压力溶气气浮法中，当采用调料溶气罐时，以(　　)方式供气为好。

A. 泵前插管　　　　　B. 鼓风机　　　　　C. 射流　　　　　D. 空压机

2. 采用混凝处理工艺处理废水时，混合阶段的速度梯度和搅拌时间应该控制在(　　)。

A. 速度梯度在 $500\sim1000s^{-1}$，搅拌时间为 $10\sim30s$

B. 速度梯度为 $500\sim1000s^{-1}$，搅拌时间为 $1\sim30min$

3. 废水中细小悬浮粒子可以通过(　　)方法去除。

A. 混凝　　　　　B. 气浮　　　　　C. 吸附　　　　　D. 化学

4. 废水的混凝沉淀主要是为了(　　)。

A. 调节 pH　　　　　B. 去除胶体物质和细微悬浮物

C. 去除有机物　　　　D. 去除多种较大颗粒的悬浮物，使水变清

5. 下列属于物理法的是(　　)。

A. 中和　　　　　B. 氧化还原　　　　　C. 过滤　　　　　D. 电解

6. 简述电镀废水处理中含铬废水的化学沉淀处理法，该工艺 pH 的范围为多少？

7. 简述电镀废水处理中含氰废水的处理方法，该工艺 pH 的范围为多少？

8. 气浮法的原理是什么？

项目四 农村生活污水处理工艺设计与运行操作

学习目标

1. 了解农村生活污水的排放特征和水质特点；
2. 掌握农村生活污水的典型工艺和处理设施。

任务分析

通过农村污水处理工艺设计案例，掌握农村生活污水处理工艺设计的步骤，了解典型处理单元，重点掌握农村生活污水特点、人工湿地处理技术、人工快速渗滤系统及一体化处理技术。

进入 21 世纪后，随着国家有关部门加强了对工业污染和点源污染的控制，我国水环境污染防治工作取得了长足的进步，污染重心已经由工业转向了农业，转向了农村及欠发达地区，由点源污染转向了面源污染，由集中式污染转向了分散式污染。

4.1 农村生活污水的特点

农村生活污水一般来源于厨房污水、生活洗涤污水、牲畜养殖污水等，其数量、成分、污染物浓度与居民的生活习惯、生活水平和用水量有关。农村生活污水相对于城镇生活污水来讲，具有水量变化较大、污染物成分简单，并且比较分散等特点。农村生活污水特点如下。

① 排放分散且面广。一般农村人口居住分散，用水量相对较少，产生的生活污水量也较少于城市。另一方面由于农村占地面积大，因此农村生活污水排放的面广。

② 水量特征。间歇排放、波动较大。由于农村居民没有固定的作息时间和相对稳定的生活习惯，因此，农村生活污水的排放为不均匀排放，瞬时变化较大，日变化系数一般在 3.0~5.0，同时农村生活污水排放量早晚比白天大，夜间排水量小，甚至可能断流，水量变化明显。

③ 水质特征：农村生活污水水质相对稳定，大部分农村生活污水的性质相差不大，具体表现为有机物和氮、磷等营养物含量较高，并含有细菌、病毒、寄生虫卵等，一般不含有有毒物质，污水可生化性强。

4.2 人工湿地处理技术

人工湿地技术是指利用人为形成的湿地对废水进行处理的技术，人工湿地对废水的处理是物理、化学、生物三重协同作用的技术，该技术综合了吸附、过滤、氧化还原、沉淀、微生物分解、转化等作用。

人工湿地是用人工筑成水池或沟槽，在其底面铺设防渗漏隔水层，在隔水层之上填充一定深度的填料层，填料层上种植一些维管束植物或根系发达的水生植物。人工湿地的填料层一般选用造价低廉的卵石、砂、砾石、沸石等，填料层的主要作用是为植物和微生物生长提供载体，拦截污水并对其中的污染物发挥过滤、沉淀、吸附等作用。在人工湿地系统中同时存在有好氧细菌、兼性厌氧和厌氧菌，它们是系统降解污水中有机物的重要力量。

人工湿地处理废水的原理为湿地系统成熟后，填料表面和根系植物将有大量微生物生长，从而形成生物膜。废水流经生物膜时，SS 被填料和植物根系阻挡截留。有机污染物则被生物膜中的微生物去除，例如好氧细菌在有氧条件下，通过呼吸作用将废水中的有机物分解为 CO_2 和 H_2O，厌氧菌则在厌氧条件下将复杂的高分子有机物分解成简单的低分子有机物，或直接将有机物转化为 CH_4 和 H_2O，硝化细菌和反硝化细菌则分别在好氧和厌氧条件下发挥作用将废水中的氨氮去除，以达到脱氮的效果。最后湿地床填料的定期更换或栽种植物的收割会使污染物最终从系统中彻底去除，人工湿地中物质的传递及转化过程，因湿地床中不同部位氧含量的差异而有所不同，如图 4-1 所示。

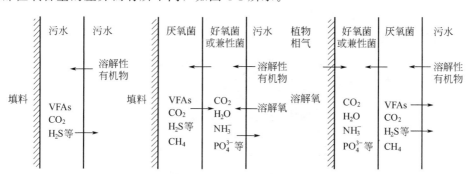

图 4-1　人工湿地中各种物质的传递和转化过程

人工湿地按污水流动方式分为表面流人工湿地和潜流式人工湿地，其中潜流式人工湿地又分为水平潜流和垂直潜流人工湿地。

① 表面流人工湿地。污水在土壤的上层流动，水位一般在 0.1~0.6m 之间，以保证较好的流动性和氧的传递，水面与空气直接接触。污水流动的过程中部分物质被阻挡截留，大部分有机物由生物的生物膜降解去除。

② 水平潜流人工湿地。污水由上而下均匀进入填料床底部，在湿地内部进行反应，反应过后的出水经过出水管排出。水平潜流人工湿地的特点是需要处理的污水在填料层内由进水端水平流向出水端。见图 4-2。

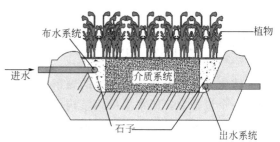

图 4-2　人工湿地的水平流剖面图

③ 垂直潜流人工湿地。在这类人工湿地中，污水垂直通过基质层、填料床，到达底部的集水系统。污水在垂直流动的过程中得到净化。

4.3 人工快速渗滤系统

传统的快速渗滤系统是以补给地下水再生回用为主要目的的土地处理系统。污水经隔栅、曝气氧化塘处理后，灌至土壤表面（渗滤田）能很快渗下并进入地下水。该系统适宜的土壤有沙土、沙质壤土、壤质沙土等，粗砂土和砾石沙土则不相宜。

人工快速渗滤系统（constructed rapid infiltration system，简称 CRI 系统）是近年来出现的一种低能高效、环境友好型污水生态处理技术。克服了传统污水土地处理系统普遍存在的水力负荷低、单位面积处理能力小等缺点，该系统无二沉池，不产生污泥，极大减少能耗，降低投资成本和运转费用，同时占地面积少、水力负荷高、出水效果好，操作管理简便。CRI 系统使用渗透性能良好的天然砂，同时添加一定量的特殊填料，代替传统土地渗滤法的天然土层，采用干、湿交替运行布水方式，有效提高系统复氧能力和污染物去除效果。

人工快速渗滤系统的机理是指有控制地将污水投放于人工构建的渗滤介质的表面，使其在向下渗滤的过程中经历不同的物理、化学和生物作用，最终达到净化污水的目的。CRI 系统由三部分组成，分别是预处理单元、快速渗滤池单元和后续处理单元。CRI 系统预处理单元包括格栅和清水池，其作用是去除污水中较大漂浮物及降低污水的 SS。快速渗滤系统通常采用淹水和落干相交替的工作方式，利用土壤含水层对污水进行综合处理，通过截留、吸附和生物降解的协同作用使污染物得以去除。后续处理单元根据出水使用功能不同而有所区别。

地下渗滤系统示意见图 4-3。

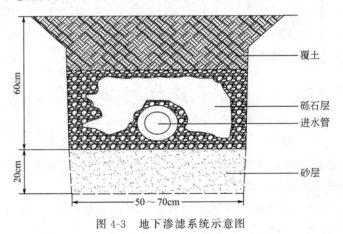

图 4-3　地下渗滤系统示意图

4.4 一体化处理技术

一体化处理技术相当于小型的城镇污水处理系统，将生化池、二沉池、污泥池、消毒池集中在一个设备中，通常采用钢结构形式。生化部分可采用 A/O 法或接触氧化法。

一体化处理技术施工灵活、迅速，不用开挖地面和浇筑池体，对周围环境扰动小。一体化设备可设于地面上，也可埋于地下。置于地上时，有利于维修，但需要一定的占地面积，且有碍整体景观；埋于地下时，上部覆土可用于绿化，厂区占地面积少，地面构筑物少，但冬天需要防冻，夏天需要防洪，北方则需要埋入较深，并做保温处理。

近年来，随着出水要求的提高和 MBR 膜的国产化生产，一体化设备采用 MBR 工艺的应用越来越广泛。

MBR 又称膜生物反应器（membrane bio-reactor），是一种由膜分离单元与生物处理单元相结合的新型水处理技术。其主要组成部分是生物反应器、膜组件和控制系统。其中，生物反应器主要发生污染物降解，为该降解过程提供场所。膜组件由膜和其支撑部分组成，是整个反应器的核心部分。它将生化反应池中的活性污泥和大分子有机物截留住，省掉二沉池，大大提高了系统固液分离的能力。

膜生物反应器在优化生化作用方面的优越性：

① MBR 可以有效地截留污水中的微生物，具有较高的固液分离效率，出水水质优质稳定。对污染物的去除率高，出水清澈，几乎没有悬浮物。出水水质优于《城市污水再生利用　城市杂用水水质》标准（GB/T 18920—2002），可以直接作为非饮用市政杂用水进行回用。

② 剩余污泥产量少：MBR 工艺可以在高容积负荷、低污泥负荷下运行，剩余污泥产量低（理论上可以实现零污泥排放），降低了污泥处理费用。

③ 可去除氨氮及难降解有机物：膜分离可以使微生物被完全截流在生物反应器内，使得系统内能够维持较高的微生物浓度，从而有利于增殖缓慢的微生物如硝化细菌的截留生长，系统硝化效率得以提高。同时，MBR 工艺可增长一些难降解的有机物在系统中的水力停留时间，有利于难降解有机物降解效率的提高。

④ MBR 反应器结构紧凑，工艺设备集中，因此占地面积也较小；该工艺实现了水力停留时间（HRT）与污泥停留时间（SRT）的完全分离，运行控制更加灵活稳定，易实现一体化自动控制，操作管理方便；不受设置场合限制，适合于任何场合，可做成地面式、半地下式和地下式。

4.5　【工程实例】分散式生活污水处理系统工程实例

4.5.1　项目背景

江西新余市百丈峰景区规划占地约 30 平方公里，距城区 45km，主打以度假休闲为主的生态旅游，是一个典型的森林旅游为主导，以休闲度假、修心养生、运动健身、湖泊游憩、山野寻趣为一体的景区。景区规划有佛禅文化、仿古商业街、养生度假山庄、农家乐客栈、旅游观光花果园、度假山庄、马术俱乐部、抱石画家村、SPA 水疗中心、水上俱乐部、垂钓中心、篝火广场等建设项目。

景区在经营过程中会产生一定量的生活污水，污水含有 COD、BOD、SS、NH_3-N 等污染物，若污水直接排放，将对景区环境造成较大影响，因此污水经管网系统收集后，需要配套污水处理站进行处理，使污水达标排放。

4.5.2　水质排放目标

根据项目规划，本污水处理站主要收集仿古商业街、养生度假山庄、农家乐客栈的污水，设计污水处理能力为 200m³/d，按 24h 连续处理进行设计。

本工程主体管网已建成，采用雨污分流制。处理后的污水排放应达到《城镇污水处理厂污染物排放标准》（GB 18918—2002）中的一级 A 标准，设计水质及排放标准具体指标见表 4-1。

表 4-1 设计水质及排放标准

项目	COD$_{Cr}$ /(mg/L)	BOD$_5$ /(mg/L)	SS /(mg/L)	氨氮 /(mg/L)	TP /(mg/L)	pH
进水水质	≤400	≤150	≤150	≤25	≤4	6.5~8.5
排放标准	≤50	≤10	≤10	≤5(8)	≤0.5	6~9

注：括号外数值为水温＞12℃时的控制指标，括号内数值为水温≤12℃时的控制指标。

快速生物过滤水处理技术是一种人工强化的污水生态工程处理技术，它充分利用在地表下面的土壤中栖息的土壤微生物、植物根系以及土壤所具有的物理、化学特性将污水净化，属于小型的污水土地处理系统。其工艺流程见图 4-4。

快速生物过滤水处理技术具有以下优点：

① 出水效果好。出水可达到《城镇污水处理厂污染物排放标准》（GB 18918—2002）中的一级 A 标准；运行过程可以营造好氧-厌氧交替环境，脱氮除磷效果尤其显著。

② 滤料无堵塞、无需更换。在过滤系统内，微生物不断进行新陈代谢，菌群的微环境形成良好循环，不会出现污泥增长堵塞滤料的情况，保证系统连续运行。

③ 受气候影响较小。系统处于地表以下，冬季运行不受影响；在高寒地区，可另采取保温措施以保证稳定运行。

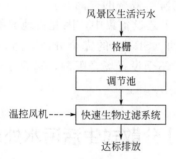

图 4-4 快速生物过滤水处理工艺流程

风景区生活污水进入格栅，格栅用于去除污水中大块状的悬浮物，防止较大的杂物堵塞水泵机组和后续处理构筑物。随后污水自流进入调节池。调节池可调整污水排放的不均匀性，起到调节水质和水量的作用。

污水在快速生物过滤系统内通过散水管网平均分配于整个散水层，当污水在地下横向运动和向下渗滤的同时，污水中的污染物被填料拦截、吸附并被附着在填料表面的微生物分解和转化，最终被去除。由风机提供微生物生长所需的氧气，定时定量对快速生物过滤系统进行有效充氧。风机采用温控风机，从而避免了气温对处理系统的影响。池底设有坡度，污水收集到快速生物过滤池的集水沟，污水达标排放。

（1）调节池

有效容积：7m×3m×3.5m。

数量：1 座，钢筋混凝土结构，地埋式。

配备：人工格栅 1 套，$B=300$mm，栅隙 5mm；提升泵 2 台，1 用 1 备，$Q=25$m³/h，$H=8$m，$N=1.5$kW。

（2）快速生物过滤系统

占地面积：40m×10m×1m。

数量：1座，砖混结构，地埋式。

配备：生物滤料1项；风机2台，1用1备，$Q=2500m^3/h$，$N=4kW$。

（3）设备房

尺寸：3.0m×3.0m×3.0m。

数量：1座，框架结构，地上式。

4.6 【工程实例】梅南镇农村污水处理系统工程实例

4.6.1 项目背景

粤东梅南镇距市区18km，地缘、交通环境优越，总面积145平方公里，辖区内有16个村委会和1个居委会，人口1.6万人。该镇的生活污水处理迫在眉睫，项目执行需更快落实。

由于该镇居民居住分散，排水系统简陋，距市区中心距离较远，无法接入城镇污水集中处理设施。需要自行建设镇区内的生活污水处理厂，而集镇居民生活密集程度并不高，不具备建设大型集中式污水处理厂的条件，而且容易造成资源浪费。

集镇污水基本集中排放到一条直通梅江的明渠，明渠附近有一块无规划的农用地，较容易征用和施工，具备建设小型污水处理站的水、电及外部道路、场地等各种建设条件。

4.6.2 水质排放目标

（1）污水排放定额的确定

根据《给水排水设计手册》（第五册 城镇排水）和《室外排水设计规范（2016年版）》（GB 50014—2006），该镇属于二区中、小型城市，居民生活用水定额（平均日）150L/(d·人)，污水排放折算系数取0.8，则污水排放量为120L/(d·人)。

（2）污水站建设规模的确定

结合污水处理厂污水收集区域内人口数量，根据居民生活用水定额折算出污水排放量，并考虑一定的安全余量，确定项目建设规模为日处理量500t/d。

（3）污水水质

本项目主要接纳居民生活污水，根据我国城镇典型生活污水水质指标，设计本项目污水进水水质，见表4-2。

表4-2　设计进水水质

序号	项目	参考值
1	COD_{Cr}	250mg/L
2	BOD_5	125mg/L
3	SS	150mg/L
4	氨氮	25mg/L
5	总磷	3.5mg/L

（4）出水水质

该镇污水处理厂排放及出水水质要求由受纳水体的功能区域决定，本污水处理厂尾水最终排至梅江河下游。根据资料显示，梅江河属于Ⅱ类水体。出水排放参照执行《城镇污水处理厂污染物排放标准》（GB 18918—2002）一级 A 标准及广东省地方标准《水污染物排放限值》（DB 44/26—2001）的较严值，具体水质参数见表 4-3。

表 4-3　Ⅱ类水体出水参数

项目	COD_{Cr}	BOD_5	SS	TP	TN	$NH_3\text{-}N$
出水达标指标/(mg/L)	40	20	20	0.5	20	8

4.6.3　工艺选择

该镇地处偏远地区人口较少，分布广而且分散，宾馆、学校人口数随季节性波动较大，生活污水水质水量波动性大，排水管网很不健全；此外村镇经济力量薄弱；缺乏污水处理专业人员。针对这些现状生活污水处理工艺应满足抗冲击负荷能力强，布局灵活，宜就近单独处理，造价低，运行费用少，低能耗，运行管理简单、维护方便，出水水质有保障的要求。

该镇生活污水处理项目所选择的污水处理技术方案应结合污水排放地区水量小、排放点小集中的实际情况，从以下几个因素进行考虑：

① 所选技术应成熟可靠，运行稳定，出水能稳定达到回用水水质标准。

② 对水质水量变化适应性强。

③ 自动化程度高，运行管理方便，便于统一维护。

④ 对配套管网要求低，投资适中，建设周期快，运行成本低。

针对上述特点本项目确定采用以膜生物反应器技术为该项目生活污水处理主体工艺。见图 4-5、图 4-6。

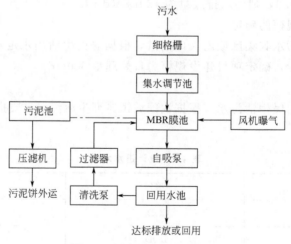

图 4-5　污水处理工艺流程图

4.6.4　主要设备参数

该项目主要设备参数见表 4-4。

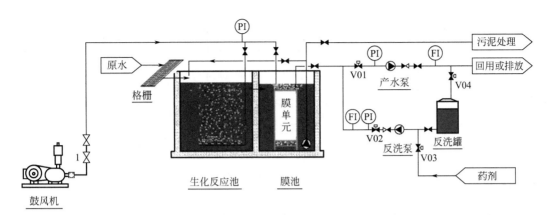

图 4-6 该项目拟采用的膜生物反应器技术主体工艺流程图

表 4-4 该项目主要设备参数

序号	名称	规格	材质	数量	备注
1	格栅	栅距 2m	SUS304	1 台	
2	污水提升泵	流量：$Q=2.5m^3/h$，$H=8m$	铸铁衬氟防腐	2 台	
3	液位控制器	FK 型，量程 3m		6 台	
4	曝气系统	$DN32mm$	UPVC	1 套	
5	MBR 膜组件	中空纤维帘式，内外半径 0.7/1.3nm，通量 $12.51m^2\cdot h$	PVDF	4 组	25 片/组 20m²/片
6	MBR 膜架	1380mm × 1400mm × 2000mm，40mm 方管	SUS304	4 个	
7	风机	风压：$p=29kPa$ $Q=12.5m^3/min$	铸铁	2 台	
8	自吸泵	ZCQ32-25-145，$Q=26m^3/h$，$H=15m$	铸铁衬氟防腐	2 台	
9	反洗泵	$Q=40m^3/h$；$H=20m$	铸铁衬氟防腐	1 台	
10	清洗药箱	$V=1000L$	PE	2 只	
11	加药泵	MP-55R	铸铁衬氟防腐	2 台	
12	真空负压表	$-0.1\sim0MPa$		1 只	
13	空气流量计	$25\sim250m^3/h$		1 只	
14	液体流量计	$0.4\sim4m^3/h$		1 只	
15	污泥回流泵	40YU2.4，$Q=2.5m^3/h$；$H=8m$		2 台	
16	一体化设备	$L\times B\times H(mm)$：9600×3000×3000	碳钢，油沥青防腐	1 台	
17	电磁阀	$DN100mm$		5 台	
18	控制柜	西门子 PLC		1 套	
19	控制电缆	3 芯 6mm²		100m	

序号	名称	规格	材质	数量	备注
20	电线	2 芯 4mm²		100m	
21	设计阀	$L \times B \times H$(mm):$3000 \times 2000 \times 2500$	夹心彩铜板	1 台	
22	现场连接管路	$DN100$	UPVC	100m	
23	现场连接管路	$DN80$	UPVC	50m	

试题练习

1. 人工湿地能有效处理各种类型的废水的主要原因是什么？

2. 根据废水在人工湿地中流经的方式，人工湿地可分为哪三种？

项目五

水的深度处理(中水回用)工艺设计与运行操作

学习目标

深度处理是指在常规处理工艺以后，采用适当的处理方法将常规处理工艺不能有效去除的污染物或消毒副产物加以去除，提高出水水质。中水回用，是指把生活污水或工业废水经过深度处理技术，去除各种杂质、污染水体的有毒有害物质及某些重金属离子，进而消毒灭菌，使其水体无色无味、水质清澈透明，且达到或高于国家规定的杂用水标准。通过对本项目的学习，了解水的深度处理单元与处理工艺。对常用的活性炭吸附、膜技术有基本的认识，并能正确应用于水深度处理工艺中。理解典型处理单元作用原理及影响因素。重点掌握中水回用的基本工艺流程、工程设计以及运行操作。

任务分析

水深度处理单元较多，大多数已经在前面几个项目中学习过，本项目主要针对活性炭吸附、离子交换、膜技术展开讨论，学生先通过相关知识了解水的深度处理典型单元，再通过实训项目了解常见水的深度处理工艺，通过参观实践和校内（外）现场实训，掌握水的深度处理工艺的运行操作和管理。

污水深度处理是指城市污水或工业废水经一级、二级处理后，为了达到一定的回用水标准使污水作为水资源回用于生产或生活的进一步水处理过程。简单地说可以分为三大类，即生物处理法、膜处理法和物理化学处理法。生物处理法又可分为生物接触氧化法、人工湿地深处理技术、曝气生物滤池（BAF）等生物技术。污水深度处理技术中的膜处理法和物理化学处理法包括混凝技术、臭氧法、活性炭吸附技术、膜分离技术、高级氧化法等。

污水深度处理内容广泛，工艺方法复杂，而且工业废水所属行业庞杂，污水水质与回用水指标也不尽相同，任何单元技术都难以达到回用水指标，因此，污水再生工艺应根据实际污水水质状况与再生指标组合成各种单元工艺技术。但无论是工业废水还是城市污水回用，主要去除对象是有机物、悬浮颗粒物、氮磷化合物、无机阴/阳离子和病毒细菌等，目前普遍采用的单元处理技术方法主要由物化和生化两类中的几种方法组合集成，常用的污水回用技术包括传统处理（混凝-沉淀-常规过滤）、生物过滤、活性炭吸附、消毒、膜分离、生物脱氮除磷等，可选用一种或几种进行组合（详见表5-1）。

表 5-1 我国污水深度处理常用处理技术

处理方法	去除对象	单元处理技术
物理化学方法	悬浮物	混凝(气浮)沉淀、快速过滤、微滤(MF)、超滤(UF)
	有机物	混凝沉淀、催化氧化、活性炭吸附、反渗透
	无机物	蒸馏、冷冻、离子交换、电渗析、反渗透
	磷	矾土吸附、石灰混凝土、铝铁盐凝聚、离子交换
	氨氮	吹脱、氨解吸、沸石吸附、离子交换、折点加氯
	臭味	生物除臭、臭氧氧化、活性炭吸附
	大肠杆菌群	氯消毒、臭氧氧化、紫外消毒、超滤
生物法	有机物	生物曝气滤池、生物接触氧化、延时曝气
	磷、氮	生物 A/O、A²/O、SBR

深度处理技术中,应用较广泛的有活性炭吸附、离子交换、臭氧氧化消毒和膜技术等。由于大多数处理技术已经在前面学习过,本项目主要针对吸附处理技术、离子交换、膜技术展开讨论。

5.1 水的深度处理典型单元

5.1.1 吸附处理技术

吸附法是对溶解态污染物的物理化学分离技术。废水处理中的吸附处理法,主要是指利用固体吸附剂的物理吸附和化学吸附性能,去除废水中多种污染物的过程,处理对象为剧毒物质和生物难降解污染物。吸附法可分为物理吸附、化学吸附和离子交换吸附三种类型。目前常用的吸附剂为活性炭(图 5-1),它是黑色粉末状或块状、颗粒状、蜂窝状的无定形碳,也有排列规整的晶体碳。活性炭由于具有较强的吸附性,广泛应用于生产、生活中,可有效去除残存的有机物、胶体粒子、微生物、余氯、痕量重金属,并可用来脱色、除臭。活性炭一般用在生物处理之后,为加长活性炭工作周期,常在活性炭池前加过滤,典型流程为:原水-预处理-生物处理-过滤-活性炭吸附-消毒-排水。

图 5-1 活性炭

(1)活性炭的细孔构造和分布

活性炭材料是经过加工处理所得的无定形碳,具有很大的比表面积,对气体、溶液中的无机或有机物质及胶体颗粒等都有良好的吸附能力。其比表面积一般高达 $500 \sim 700 \mathrm{m}^2/\mathrm{g}$,这就是活性炭吸附能力强、吸附容量大的主要原因。

(2)活性炭的表面化学性质

活性炭 $80\% \sim 90\%$ 以上由碳元素组成,这也是活性炭为疏水性吸附剂的原因。除了碳元素外，还包含有两类掺和物：一类是化学结合的元素，主要是氧和氢，这些元素是由于未完全炭化而残留在炭中，或者在活化过程中，外来的非碳元素与活性炭表面化学结合，如用水蒸气活化时，活性炭表面被氧化或水蒸气氧化；另一类掺和物是灰分，它是活性炭的无机部分。

（3）活性炭吸附作用与吸附形式

活性炭的主要原料几乎可以是所有富含碳的有机材料，如煤、木材、果壳、椰壳、核桃壳、杏壳、枣壳等。这些含碳材料在活化炉中，在高温和一定压力下通过热解作用被转换成活性炭。活性炭中孔隙的大小对吸附质有选择吸附的作用，这是由于大分子不能进入比它孔隙小的活性炭孔径内的缘故。活性炭含有大量微孔，具有很大的比表面积，能有效地去除色度、臭味，可去除二级出水中大多数有机污染物和某些无机物，包含某些有毒的重金属。

将溶质聚集在固体表面的作用称为吸附作用。活性炭的吸附形式分为物理吸附与化学吸附。物理吸附是通过分子力的吸附。它有足够的强度，可以捕获液体中的分子。物理吸附是分子力引起的，吸附热较小。物理吸附需要活化能，可在低温条件下进行。这种吸附是可逆的，在吸附的同时，被吸附的分子由于热运动会离开固体表面，这种现象称为解吸。化学吸附与价键力相结合，是一个放热过程。化学吸附有选择性，只对某种或几种特定物质起作用。化学吸附不可逆，比较稳定，不易解吸。

吸附过程是污染物分子被吸附到固体表面的过程，分子的自由能会降低，因此，吸附过程是放热过程，所放出的热称为该污染物在此固体表面上的吸附热。由于物理吸附和化学吸附的作用力不同，它们在吸附热、吸附速率、吸附活化能、吸附温度、选择性、吸附层数和吸附光谱等方面表现出一定的差异。

活性炭的吸附过程分为三个阶段。首先是被吸附物质在活性炭表面形成水膜扩散，称为膜扩散；然后扩散到炭的内部孔隙，称为孔扩散；最后吸附在炭的孔隙表面上。因此，吸附速率取决于被吸附物向活性炭表面的扩散。

（4）吸附影响因素

① 吸附剂的性质。吸附是一种表面现象，吸附剂的比表面积越大，吸附容量越大。吸附剂的种类、制备方法不同，其比表面积、粒径、孔隙构造及其分布各不相同，吸附效果也有差异。此外，吸附剂的表面化学结构和表面电荷性质对吸附过程也有很大的影响。

② 吸附质（溶质或污染物）的性质。同一种吸附剂对于不同污染物的吸附能力有很大差别。

吸附质的溶解性能对平衡吸附量有重大影响。溶解度越小吸附质越容易被吸附，也越不易解吸。对于有机物在活性炭上的吸附，随同系物含碳原子数的增加，有机物的疏水性增强，溶解度减小，因而活性炭对其吸附容量越大。吸附质的分子大小对吸附速率也有影响，通常吸附质分子体积越小，其扩散系数越大，吸附速率越大。吸附过程由颗粒内部扩散控制时，受吸附质分子大小的影响较为明显。吸附质的浓度增加，吸附量也随之增加；但浓度增加到一定程度后，吸附量增加很慢。

③ 水的性质

a. pH 的影响。吸附剂及工艺操作的 pH 会影响吸附质在吸附剂中的离解度、溶解度及其存在状态（如分子、离子、络合物），也会影响吸附剂表面的电荷和其他化学性质，进而影响吸附剂的效果。例如，采用活性炭去除水中有机污染物时，其在酸性溶液中的吸附量一般要大于在碱性溶液中的吸附量。

b. 溶液温度的影响。因为液相吸附时吸附热较小，所以溶液温度的影响较小。吸附是放热反应。吸附热，即活性炭吸附单位质量的吸附质（溶质）放出的总热量，以 J/mol 为单位。吸附热越大，温度对吸附的影响越大。另一方面，温度对物质的溶解度有影响，因此对吸附也有影响。用活性炭处理水时，温度对吸附的影响不显著。

c. 多组分吸附质共存的影响。应用吸附法处理水时，通常水中不是单一的污染物质，而是多组分污染物的混合物。在吸附时，它们之间可以共吸附，既可互相促进又可互相干扰。一般情况下，多组分吸附时的吸附容量比单组分吸附时低。比如，废水中有油类物质或悬浮物存在时，前者会在吸附剂表面形成油膜，后者会堵塞吸附剂孔隙，分别对膜扩散、孔隙扩散产生干扰、阻碍作用，因而在吸附操作前，需要采取预处理措施将它们除去。

（5）吸附剂的再生

吸附剂再生技术是指在不破坏吸附剂原有结构的前提下，用物理或化学方法，使吸附于吸附剂表面的吸附质脱离或分解，恢复其吸附性能，使吸附剂可以重复使用的过程。通过再生可以实现吸附剂的循环使用，降低处理成本，减少废渣的生成。

活性炭的再生方法有很多种，如加热再生法、生物再生法、湿式氧化法、溶剂再生法、电化学再生法、催化湿式氧化法等。

加热再生法是应用最多，工业上最成熟的活性炭再生方法。处理有机废水后的活性炭在再生过程中，根据加热到不同温度时有机物的变化，一般分为干燥、高温炭化及活化三个阶段。在干燥阶段，主要去除活性炭上的可挥发成分。高温炭化阶段是使活性炭上吸附的一部分有机物沸腾、汽化脱附，一部分有机物发生分解反应，生成小分子烃脱附出来，残余成分留在活性炭孔隙内成为"固定炭"。在这一阶段，温度将达到 $800\sim900^\circ C$，为避免活性炭的氧化，一般在抽真空或惰性气氛下进行。接下来的活化阶段中，往反应釜内通入 CO_2、CO、H_2 或水蒸气等气体，以清理活性炭微孔，使其恢复吸附性能，活化阶段是整个再生工艺的关键。热再生法虽然有再生效率高、应用范围广的特点，但在再生过程中，必须外加能源加热，投资及运行费用较高。

高温加热再生法的优点是：几乎所有有机物都可采用此法；再生炭质量均匀，再生性能恢复率高，一般在 95% 以上；再生时间短，粉状炭需几秒钟，粒状炭需 $30\sim60min$；不产生有机再生废液。缺点有：再生损失率高，再生一次活性炭损失率达 3%～10%；在高温下进行，再生炉内内衬材料的耗量大；需严格控制温度和气体条件；再生设备造价高。

5.1.2　离子交换

离子交换是借助于固体离子交换剂中的离子与稀溶液中的离子进行交换，以达到提取或去除溶液中某些离子的目的的，是可逆的等当量交换反应，是一种属于传质分离过程的单元操作。早在 1850 年就发现了土壤吸收铵盐时的离子交换现象，但离子交换作为一种现代分离手段，是在 20 世纪 40 年代人工合成了离子交换树脂以后的事。离子交换操作的过程和设备，与吸附基本相同，但离子交换的选择性较高，更适用于高纯度的分离和净化。在水处理领域中有广泛的应用，如水质软化、水质除盐、高纯水制取、工业废水处理、重金属及贵重金属回收等。离子交换水处理技术在水质软化、水质除盐、高纯水制取中有着广泛的应用。

（1）EDI 纯水制造技术

EDI（electro-de-ionization）是一种将离子交换技术、离子交换膜技术和离子电迁移技术（电渗析技术）相结合的纯水制造技术。该技术利用离子交换能深度脱盐来克服电渗析极化而脱盐不彻底，又利用电渗析极化而发生水电离产生 H^+ 和 OH^- 实现树脂自再生来克服树脂失效后通过化学药剂再生的缺陷，是 20 世纪 80 年代以来逐渐兴起的新技术。经过十几年的发展，EDI 技术已经在北美及欧洲占据了相当部分的超纯水市场。

（2）离子交换剂分类

离子交换剂是指含有若干离子基团的不溶性高分子物质，通过在不溶性高分子物质上引入若干可解离基团而制成。根据活性基团的性质不同，离子交换剂可分为阳离子交换剂和阴离子交换剂。根据母体的不同，离子交换剂可分为离子交换树脂、离子交换凝胶和离子交换纤维素等。离子交换剂分为无机质和有机质两类。无机质主要是沸石，有机质有磺化煤和离子交换树脂。离子交换树脂大都是苯乙烯与二乙烯苯的共聚物，也有的是丙烯酸系的共聚物或苯酚甲醛的缩聚物。离子交换树脂按它的交换基团分成阳离子交换树脂和阴离子交换树脂两大类。

（3）离子交换树脂的再生

当离子交换树脂使用一段时间后，吸附的杂质接近饱和状态时就要进行再生处理，使用化学药剂将树脂所吸附的离子和其他杂质洗脱除去，使之恢复原来的组成和性能。在实际运用中，为降低再生费用，要适当控制再生剂的用量，使树脂的性能恢复到最经济合理的再生水平，通常其性能可以恢复 70%～80%。如果要达到更高的再生水平，则再生剂用量要大量增加，再生剂的利用率则下降。

树脂的再生应当根据树脂的种类、特性，以及运行的经济性，选择适当的再生药剂和工作条件。树脂的再生特性与它的类型和结构有密切关系。强酸性和强碱性树脂的再生比较困难，需用再生剂量比理论值高相当多；而弱酸性或弱碱性树脂则较易再生，所用再生剂量只需稍多于理论值。此外，大孔型和交联度低的树脂较易再生，而凝胶型和交联度高的树脂则要较长的再生反应时间。

再生剂的种类应根据树脂的离子类型来选用，并适当地选择价格较低的酸、碱或盐。例如：钠型强酸性阳树脂可用 10% NaCl 溶液再生，用药量为其交换容量的两倍；氢型强酸性树脂用强酸再生，用硫酸时要防止被树脂吸附的钙与硫酸反应生成硫酸钙沉淀物。为此，宜先通入 1%～2% 的稀硫酸再生。

钠型离子交换法是工业锅炉给水最通用的一种水处理方法。当原水经过钠型离子交换剂时，水中的 Ca^{2+}、Mg^{2+} 等阳离子与交换剂中的 Na^+ 进行交换，降低了水的硬度，使水质得到软化，故这种方法又称为钠离子交换软化法。

在钠离子交换过程中，当软水出现了硬度，且残留硬度超过水质标准规定时，则认为钠离子交换剂已经失效。为了恢复其交换能力，就需要对交换剂进行再生。再生过程是使含有大量钠离子的氯化钠（NaCl）溶液通过失效的交换剂层恢复其交换能力的过程。此时，钠离子又被离子交换剂所吸着，而交换剂中的钙、镁离子被置换到溶液中去。

5.1.3 膜分离技术

在水的深度处理中，过滤和膜分离是利用过滤方式分离水中污染物的常用水处理技术。

5.1.3.1 膜分离概述

膜分离是在 20 世纪 60 年代后迅速崛起的一门新的分离技术。膜分离技术由于兼有分离、浓缩、纯化和精制的功能，又有高效、环保、分子级过滤及过滤过程简单、易于控制等特征，因此，目前已广泛应用于食品、医药、生物、环保、化工、冶金、能源、水处理、电子等领域，产生了巨大的经济和社会效益。

膜分离技术是指在分子水平上不同粒径分子的混合物在通过半透膜时，实现选择性分离的技术，膜的孔径一般为微米级，依据其孔径的不同，可将膜分为微滤膜（MF）、超滤膜（UF）、纳滤膜（NF）和反渗透膜（RO）等。膜分离设备本身没有运动的部件，工作温度又在室温附近，所以很少需要维护，可靠度很高。它的操作十分简单，而且从开动到得到产品的时间很短，可以在频繁的启、停状态下工作。

5.1.3.2 超滤

超滤是介于微滤和纳滤之间的一种膜过程，是以压力为推动力的膜分离技术之一。以大分子与小分子分离为目的，膜孔径为 $1nm \sim 0.05\mu m$。中空纤维超滤器（膜）具有单位容器内充填密度高、占地面积小等优点。超滤过程通常可以理解成与膜孔径大小相关的筛分过程。以膜两侧的压力差为驱动力，以超滤膜为过滤介质，在一定的压力下，当水流过膜表面时，只允许水及比膜孔径小的小分子物质通过，达到溶液净化、分离、浓缩的目的。

超滤在处理领域中应用广泛，在给水处理中可用于饮用水处理、纯水制备、配合曝气生物滤池（BAF）等可用于微污染水的处理等；在污水处理中可用于膜生物反应器（MBR）系统、污水处理回用。

在工业废水处理中应用尤其广泛，特别是汽车、家电、仪表工业的电泳涂漆废水处理，机械加工的乳化液废水处理，食品工业废水的蛋白质、淀粉的回收等。

（1）饮用水处理

超滤膜在饮用水处理中，用于对水中浊度、微生物等颗粒的去除，以获得优质饮用水。低截留分子量（500～800）的超滤膜可去除色度95%，去除三卤甲烷80%，对水的含盐量和硬度（<10%）只有轻微的变化。这对于高色度的饮用水处理是有效的。

（2）纯水制备

在制取纯水的过程中，除通常采用离子交换法之外，再配以反渗透与超滤组成的处理系统，成为当前纯水制备的方向。图5-2为反渗透设于前端的超纯水制备系统流程举例。

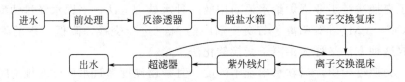

图5-2 反渗透设于前端的超纯水制备系统流程举例

在图中，前处理（亦称预处理）指混凝、沉淀、过滤以及调整pH。反渗透器主要用于去除水中大部分离子、微粒、微生物，然后再由离子交换复床以及混合床完全去除水中的残留离子。利用反渗透进行预脱盐，可大大减轻离子交换的负荷。考虑到来自树脂本身的溶解物、碎粒以及细菌的繁殖，在终端设有紫外线灯与超滤装置。这样整个系统的可靠性更高，完全可以满足电子工业对超纯水水质的要求。

（3）生活污水处理

目前研究用膜生物反应器（MBR）进行生活污水处理，它是膜分离工程与生物工程组合成的一个新系统。这种处理方式如图5-3所示，是高浓度活性污泥法与UF超滤系统的组合。

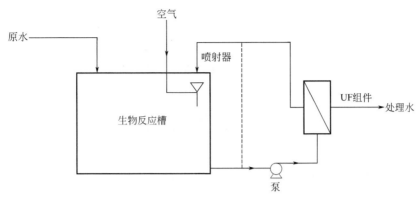

图 5-3 膜型生物反应器系统

这种系统具有以下特点：

① 固液分离效率高，用超滤设备代替了以往的沉淀池，不但设备小而且分离效率高，所得超滤渗透水可直接再用；

② 在生物反应器中污泥回流，泥龄（SRT）可任意调整，反应器内能保持高浓度微生物，因此，可促进生长速度较慢的厌氧微生物的生长，利于难生物降解的有机物分解，有利于脱氮除磷。

5.1.3.3 反渗透

反渗透又称逆渗透，是一种以压力差为推动力，从溶液中分离出溶剂的膜分离操作。因为它和自然渗透的方向相反，故称反渗透。根据各种物料不同的渗透压，就可以使用大于渗透压的反渗透压力，即反渗透法，达到分离、提取、纯化和浓缩的目的。因具有产水水质高、运行成本低、无污染、操作方便、运行可靠等诸多优点，而成为海水和苦咸水淡化，以及纯水制备的最节能、最简便的技术。目前广泛应用于医药、电子、食品、化工、海水淡化等诸多行业。

反渗透的截留对象是所有的离子，仅让水透过膜，对 NaCl 的截留率在 98% 以上，出水为无离子水。反渗透法能够去除可溶性的金属盐、有机物、细菌、胶体粒子、发热物质，也能截留所有的离子，在生产纯净水、软化水、无离子水及产品浓缩、废水处理方面反渗透膜已经得到广泛应用，如垃圾渗滤液的处理。

反渗透在水处理中的应用好如下。

① 海水淡化。海水淡化常用的技术为二级除盐法，先通过第一级膜过程，从含盐量为 3.5% NaCl 的海水中制取含盐量为 3000~4500mg/L 的除盐水，然后把这种盐水作为第二级过程的料液，制得含盐量在 500mg/L 以下的淡水。两级淡化水，无论是第一级还是第二级，膜的除盐率只要达 80%~95% 即可，运行压力在 5~7MPa。二级除盐法的运行可靠性很高，对膜及其附属设备要求低于一级除盐法。

② 城市污水深度处理。国外某污水处理厂采用反渗透法处理二级出水，进行深度处理。处理污水量为 18925m³/d，该厂的深度处理工艺流程如图 5-4 所示。

反渗透设备采用 RUGA 型螺卷式，6 列，每列 35 根。来水的含盐量为 1000mg/L，水的回收率为 85%。

③ 电镀废水。反渗透法处理电镀废水的典型工艺流程如图 5-5 所示。

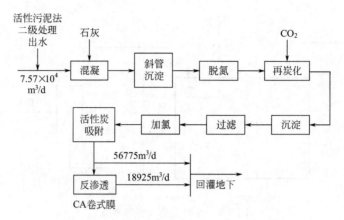

图 5-4 反渗透水处理厂深度处理工艺流程

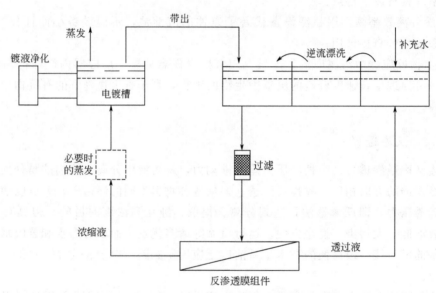

图 5-5 反渗透法处理电镀废水的典型工艺流程

反渗透法处理镀镍废水，组件多采用内压管式或卷式。采用内压管式组件，在操作压力为 2.7MPa 左右时，Ni^{2+} 分离率为 97.2%～97.7%，水通量为 0.4m³/(m²·d)，镍回收率大于 99%。根据电镀槽规模不同，可在 7～20 个月内收回反渗透装置的投资。

5.2 水深度处理技术应用——离子交换技术

（1）处理含汞废水

含汞废水是危害最大的工业废水之一，大孔巯基（—SH）离子交换剂对含汞废水处理有很好的效果。树脂上的巯基对汞离子有很强的吸附能力，能吸附树脂上的汞。离子交换树脂法适用于处理浓度低而排放量大、含有毒重金属的废水。配合硫化钠明矾化学凝聚沉淀法作为二级处理，对低浓度含汞废水可达到排放标准。

浙江某制药厂原先采用硫化钠明矾化学凝聚沉淀法处理含汞废水。由于含汞废水成分复杂，存在多种形态的汞化合物、金属汞以及其他有机物和离子，对酸化 pH 值和硫化钠量不易控制，会使硫化汞形成整合物溶解，处理后废水中汞浓度仍达 0.05～0.5mg/L，很难达到排放标准。

为了探索技术上先进、经济上合理的治理途径，改用离子交换树脂法处理含汞废水。经过近两年的运行表明：①用树脂交换法除汞作为化学法的二级处理系统，能保证达到排放标准，且能实现封闭循环、连续稳定的运行，排放的废水可作为冷却水加以回用；②提高了生产能力，单位产品的成本降低，节约了治理费用；③应用树脂交换法还能对废水起到脱色作用，处理的水清澈透明。失效后的树脂不再回收，作为汞废渣回收汞，防止了二次污染。因此，应用离子交换法处理低浓度含汞废水，有明显的社会效益和经济效益。

（2）处理含铜废水

工业排放废水如有色冶炼、电镀、化工、印染等行业的废水中常含有铜。较高浓度的铜对生物体有毒性，且排入水体的铜可通过食物链被生物富集，人体摄入过量铜会导致腹痛、呕吐、肝硬化等。利用离子交换树脂可以有效地除去废水中的 Cu^{2+}，并有利于资源的再生。离子交换法在水处理过程中不仅能够实现金属铜的回收，且具有成本低、占地少、操作简便、浓缩倍数高、避免了采用化学沉淀法处理重金属废水时产生的大量污泥等优点，越来越多地被应用于含铜废水处理中。

5.3 【实训项目】城市园林绿化处理雨水回用实训

5.3.1　实训目的

通过本次实训，了解城市雨水径流净化技术，能进行简单的规划城市降雨径流的园林绿化净化处理方案制定；进一步学习在水处理回用工程方面的知识，加强深度与广度，具有水处理回用工程的方案制定能力。

5.3.2　实训地点

城市水净化示范实训场。

5.3.3　实训题目

项目主要通过植被草沟与植生滞留槽进行篮球场周边的雨水处理，通过渗透洼地进行运动场周边的雨水处理及入渗，然后流入中间绿化区的雨水湿地上，最后进入缓冲草带，最后进入自然水体（月牙湖）。根据所学的自然处理系统，编制合理的雨水径流处理回用方案，使处理后出水用于补充地表水，执行标准《地表水环境质量标准》（GB 3838—2002），或作为景观用水，执行标准《城市污水再生利用 景观环境用水水质》（GB/T 18921）。

5.3.4　实训指导

城市水净化示范实训场采用的净化流程为：植被草沟 1（不带地下砾石层）—植被草沟 2（带地下砾石层）—植生滞留槽—渗透洼地—雨水湿地—缓冲草带。

（1）植被草沟

基本构造：植被草沟（grassed swale）也叫植被浅沟，是指在开放式洼地或沟渠中种有植被的一种工程性措施，以种植草类为主，断面形式多采用三角形、梯形或抛物形。根据草沟内部是否有永久性水面可分为干式草沟（dry swales，图 5-6）和湿式草沟（wet swales，图 5-7），两者的结构类似，通常配备前置预处理池，并设置阻坝等构筑物分散径流、滞留雨水。干式草沟用于土壤透水性非常好的区域时，草沟底部可以敷设管道收集入渗雨水，并传输接入城市雨水管道。

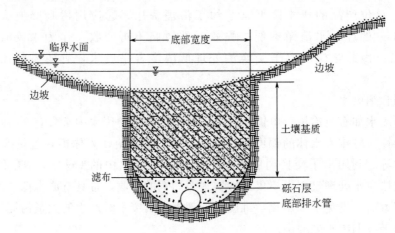

图 5-6　干式草沟剖面图

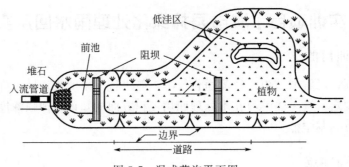

图 5-7　湿式草沟平面图

（2）植生滞留槽

基本构造：植生滞留槽一般采用低于路面的小面积洼地，种植当地原生植物并培以腐土、护根覆盖物等，可按城市景观需要设计成建筑物周围或路边的花池，因此又称雨水花园（rain garden）。其构成可分为表面雨水滞留层、植被层、覆盖层、种植土壤层、砂滤层、碎石层等部分。植生滞留槽（图 5-8）的形状比较多样化，可以建于地表，也可以以植物绿化栏的形式高于地表设置。经过滞留槽的雨水可以直接入渗至当地土壤，也可加设底层排水管，收集入渗雨水加以利用或排入市政管网。

（3）渗透洼地

渗透洼地一般采用较浅的种植土层（20～40cm），下层铺设砾石蓄水层（滞留排放或者入渗），洼地一般比周边地面低 10～20cm。渗透洼地上一般只能种植草皮或者灌木而不能种植乔木。渗透洼地的作用是将雨水通过过滤处理后滞留在砾石层中，然后排放或者入渗到土壤中。

（4）雨水湿地

雨水湿地是介于陆地生态系统和水生生态系统之间的一种特殊的生态系统，它具有地表多水、土壤潜育化和植物种类多等特点。湿地是自然环境中自净能力很强的区域之一，它利

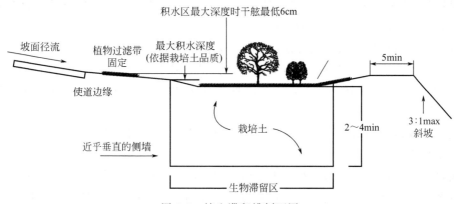

图 5-8　植生滞留槽剖面图

用自然生态系统中的物理、化学和生物的三重协同作用，通过过滤、吸附、共沉、等离子交换、植物吸收和微生物分解来实现对雨水的高效净化。通常雨水湿地包含砾石层、种植土层、沙滤层三层。

（5）缓冲草带

缓冲草带设置：草皮区；砾石配水槽；景观植物种植区；大块砾石挡水区；水生植物区。

5.4　【实训项目】电镀废水深度处理回用实训

5.4.1　实训目的

通过本次实训，了解电镀废水处理技术，能进行构筑物的计算与选型；编写设计说明书，绘制相关图纸；掌握电镀废水回用工艺的运营管理方法。

5.4.2　实训场地

电镀废水实训场地。

5.4.3　实训题目

综合废水水量 $3m^3/d$；废水来自某电镀厂，设计进水水质参数如表 5-2 所示。

表 5-2　综合废水进水水质参数

项目	COD /(mg/L)	Zn²⁺ /(mg/L)	Cu²⁺ /(mg/L)	SS /(mg/L)	石油类 /(mg/L)	氨氮 /(mg/L)	总磷 /(mg/L)
浓度范围	200~250	40~70	20~40	50~100	100~150	30~40	10~15

废水排放标准：经处理后废水执行《电镀水污染物排放标准》（DB 44/1597—2015）；处理后出水，其中回用于学院校园内绿化用水，执行标准《城市污水再生利用 城市杂用水水质》（GB/T 18920—2002）。

5.4.4　实训指导

（1）设计方案

① 描述污/废水二级出水的特点，处理这类废水现有的方法，明确排放水回用的目标，查阅标准规范，确定回用水的水质标准。

② 确定水质深度处理的工艺流程，并对工艺流程进行说明。

③ 对回用工艺设计过程中的构筑物进行参数的选取和设计计算，在对构筑物进行设计计算的过程中，需把构筑物的草图附上，说明该构筑物在工艺流程中的作用，写出详细计算过程。

④ 通过计算得出构筑物尺寸，进一步选取相应的设备（如鼓风机、泵、曝气系统等），进行设备的选型。

⑤ 通过设计，确定最终的出水是否达标，评价所设计的工艺是否具有可行性。

⑥ 从经济的角度评价工艺是否具有可行性。a. 工程费用：土建费、设备购置费（可通过相关网站如"环保设备网等"查阅）；b. 运行成本费用：能耗费（如电费 1.2 元/度）、维修费（设备费用的 1%）、折旧费（工程投资费用折合为 20 年）、人员成本费（可按人均 3500 元/月，水处理部可设 2~6 人不等）；最终得出处理每吨水的费用为多少。

⑦ 编写设计说明书（设计说明书需有目录和页码，统一打印，按照工艺流程图的构筑物进行逐一设计计算，整体篇章结构逻辑严密）。

⑧ 绘制平面布置图和高程布置图，A3/A4 图纸，用 CAD 绘制。

（2）运行管理

针对电镀废水回用装置的工艺特点，进行运行管理。

① 设备、管件及材料认知。包括提升泵、格栅、调节池、脉冲罐、调节槽、破氰槽、破络还原槽、混凝反应槽、絮凝反应池、沉淀池、污泥浓缩槽、搅拌机等。

② 管线连接认知。按照管路的流动方向进行"走管"，将管路系统认知两遍。

③ 简要阐述该典型电镀工业废水处理系统分类分质处理的工艺步骤及工艺原理，计算比例，绘制工艺高程图和平面布置图。

（3）数据记录和处理

① 分析工艺单元及流程，并明确管道走向；

② 测量尺寸，计算比例；

③ 绘制典型电镀废水处理系统工艺高程图和平面布置图（突出管线走向及布置）。

5.5 【工程实例】某麦芽厂废水处理回用水处理技术

5.5.1 概述

某麦芽厂是一家专门从事啤酒麦芽生产的企业，主要生产啤酒原料浅色麦芽。厂区占地面积约 53000m²，其中作为本废水治理项目的用地面积约为 1000m²，位于厂区的东北角。

该厂主要生产啤酒麦芽，现有三条啤酒麦芽生产线，厂区废水主要包括浸麦废水、排浮麦水、溢流水、清洁卫生用水。浸麦废水中含有较多的可溶性有机物，排浮麦水、溢流水、清洁卫生用水则水质较好。现厂区产生废水全部排入市政管网，对市政污水处理厂产生了较大的冲击负荷。

为了保证市政污水处理厂的正常运行，该公司决定对浸麦废水进行处理，部分排入市政管网，部分进行回用。

5.5.2　设计原则

① 严格贯彻执行国家环境保护的有关规定，确保出水各项指标达到设计要求，达到或优于排放标准。

② 结合工程条件和排放标准，合理选择工程设计方案，采用功能可靠、运行稳定、操作简单、运行管理方便的处理工艺技术，以达到降低建设费用和处理成本的目的。

③ 合理解决污泥、泥渣处理问题，控制好噪声和异味，以避免二次污染。

④ 采用机械与电控操作，以减轻操作人员的劳动强度。

⑤ 选用的设备、仪表配件、材料等均要求质量可靠、通用性强、运行稳定、便于维修。

⑥ 设计中按消防要求做好安全防护措施。

⑦ 由于本项目用地紧张，在保证构筑物安全、耐用性能、操作方便的前提下，采用高负荷处理工艺和高密度构筑物、设备布置。

5.5.3　工艺选择

浸麦废水的 BOD_5/COD_{Cr} 比值高，可生化性较好，且水中有较多的可溶性有机物，所以该废水适合用生化法进行处理。但由于现场用地较为紧张，需采用高负荷生化法对废水进行处理。

根据节省投资、合理布置、管理方便的设计原则以及保证出水能达到业主要求的回用标准的前提下，厂区废水的处理工艺确定为"MBR池＋反渗透"的处理工艺，该处理工艺的优点如下。

① 工艺成熟、处理效果好、运行性能稳定可靠、耐负荷冲击力强；

② 构筑物架构紧凑、总体占地面积小；

③ 运行管理操作简单、维护量小。

工艺流程见图 5-9。

三条生产线浸麦排水经格栅去除较大颗粒杂质后进入集水井，由集水井提升泵提升进入调节池调节水质水量，再提升进入 MBR 池，在 MBR 池中进行好氧反应，使废水中有机物在好氧微生物作用下分解。生化反应后的废水再通过 MBR 池内置的超滤膜组件，过滤掉所有的污泥及悬浮性固体。MBR 池出水通过中间水池进入反渗透处理系统，反渗透系统产水率约为70%，通过反渗透系统的过滤除盐作用后，产水进入回用水池备用。剩余的30%为浓缩液，浓缩液指标不超过排放标准，排入市政管网。

MBR 池定期将混合液排入污泥池以保证池中污泥浓度的相对稳定，经污泥池浓缩后，下部浓缩污泥提升至污泥压滤机脱水后定期外运，交由环卫部门处理，上清液返回调节池。废水处理效果分析见表 5-3。

表 5-3　废水处理效果分析表

序号	项目	COD_{Cr} /(mg/L)	BOD_5 /(mg/L)	SS /(mg/L)	pH
1	原水水质	2000	800	300	4.5~6.5
2	MBR 池出水	≤150	≤32	≤3	6.5~7.5
3	去除率	≥92.5%	≥96%	≥99%	—
4	RO 反渗透膜出水	≤5	≤1	≤0.2	6.5~7.5
5	去除率	≥97%	≥96%	≥93%	—

续表

序号	项目	COD$_{Cr}$ /(mg/L)	BOD$_5$ /(mg/L)	SS /(mg/L)	pH
6	总去除率	≥99.8%	≥99.8%	≥99.9%	—
7	杂用水回用要求	≤50	≤10	≤10	6.5~8.5
8	洗麦水回用标准	≤5	—	—	6.5~8.5

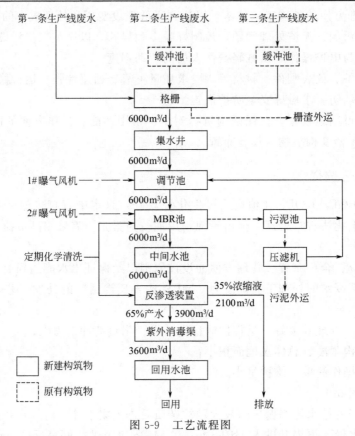

图 5-9　工艺流程图

RO 反渗透膜进水 COD$_{Cr}$ 浓度小于或等于 150mg/L，BOD$_5$ 浓度小于或等于 32mg/L，当产水率为 65% 时，浓水 COD$_{Cr}$≤428.6mg/L，BOD$_5$≤91.2mg/L，满足广东省地方标准《水污染物排放限值》（DB 44/26—2001）第二时段三级标准，直接排入市政管网。

全处理流程水力停留时间超过 20h，因此，出水水温与当地同时间的自来水水温接近。具体表现为夏天出水水温较高，冬天水温较低。

5.5.4　工艺单体说明

（1）格栅井

格栅井设于污水处理流程最前端，采用栅隙为 5mm 的回转耙齿式细格栅，能够有效地分离原废水中的杂质，保护集水井中的提升泵。耙齿式细格栅分离出来的栅渣外运交由环卫部门处理。

（2）集水井

集水井设于格栅井之后，主要作用为调节波动性的水量，并将废水通过提升泵提升至调节池。设计集水井容积为 250m³，在提升泵不工作的情况下，能容纳三条生产线废水同时排放 20min。集水井中设置 3 台提升泵，平时 2 用 1 备，采用液位自动控制，当液位高于 2.5m 警戒水位时开启备用提升泵，当液位低于 1.0m 关闭 1 台常用提升泵，当液位低于 0.5m 则关闭所有提升泵。

（3）调节池

调节池的主要作用为调节水质水量，设计调节池有效容积为 $2000m^3$，有效水深为 4m，停留时间为 8h。由于一次浸麦、二次浸麦、三次浸麦废水的水质相差较大，经过调节池的均衡后，能使后续处理工艺的进水水质稳定，降低冲击负荷。调节池池底设有曝气用空气管道，主要作用是：①对废水进行搅拌，均匀水质并防止沉淀；②后续工艺为好氧工艺，在这里进行预曝气。

（4）MBR 池

MBR 池是膜分离技术和活性污泥生物技术的结合，废水在池中曝气进行好氧反应，分解有机物后，通过内置的帘式膜过滤出水，由于帘式膜的孔径只有 $0.1\mu m$，能过滤掉大部分的悬浮物质，相对于传统好氧技术，能够节省后续的沉淀池，并且池中有较高的污泥浓度。

本工程平行设计 MBR 池两个，单个容积为 $1500m^3$，有效水深 5.3m，停留时间为 12h，池中出水段布置有 MBR 帘式膜支架，池底布置曝气管。曝气的主要作用是：①提供好氧微生物反应所需的氧气；②气洗帘式膜，使污泥不会黏结在帘式膜上影响过滤效率。

（5）中间水池

中间水池的主要作用是对 MBR 的出水做短暂的贮存，为后续反渗透系统的高压泵提供工作环境。中间水池设计的有效容积为 $90m^3$，有效水深为 5.0m，停留时间为 20min。

（6）反渗透设备间

反渗透设备主要作用为对 MBR 池出水进行深度处理，设计反渗透的产水率为 65％，浓水占进水 35％。浓水直接排入市政管网，产水通过紫外线消毒渠后进入回用水池中等待回用。

（7）回用水池

回用水池设计容积为 $1000m^3$，有效水深 4m，能够贮存回用水 6h。

（8）污泥池

污泥池设计容积为 $180m^3$，有效水深 5m，主要作用为对 MBR 排出的混合液体进行重力浓缩，下部的浓缩液通过螺杆泵输送至污泥脱水机中进行脱水，上部的清液返回调节池。

5.6 【拓展提高】

5.6.1 膜的清洗工艺

尽管膜分离技术具有优于其他传统分离技术的显著特点与优点，但是依然有其局限性。膜的使用者在膜芯使用过程中总是可以看到膜的通量在不断下降，过滤出来的料液性质也有所改变，原因很简单，膜被污染了，通量自然不如以前。膜污染是指与膜接触的料液中的微粒、胶体粒子或溶质大分子由于与膜存在物理、化学作用或机械作用而引起的在膜面或膜孔内吸附、沉积或堵塞，使膜产生透过流量与分离特性的不可逆变化现象。

在工业膜应用中，必须认识到膜污染是不可避免的，而且是伴随着膜的应用而出现，是不可避免的现象。只能采取各种手段降低膜污染的程度，并通过清洗使膜性能得到恢复。

膜清洗工艺是膜分离工艺的重要环节，分为物理法和化学法两大类。

物理法又可分为水力清洗、水气混合冲洗、逆流清洗及海绵球清洗。水力清洗主要采用减压后高速的水力冲洗以去除膜面污染物。水气混合冲洗是借助气液与膜面发生剪切作用而消除极化层。逆流清洗是在卷式或中空纤维式组件中，将反向压力施加于支撑层，引起膜透过液的反向流动，以松动和去除膜进料侧活化层表面污染物。

化学清洗法是采用清洗溶液对膜面进行清洗的方法。使用 $1\% \sim 2\%$ 的柠檬酸溶液，在高压或低压下采用一次通水或循环方式对膜面进行冲洗，可有效去除氢氧化铁。或使用柠檬酸铵与盐酸混合，将 pH 值调至 $2.0 \sim 2.5$，通过循环清洗约 5h，也可恢复膜的透水量。高浓度盐水常被用于胶体污染体系。加酶洗剂对蛋白质、多糖类及胶体污染物有较好的清洗效果。乳化油废水，如机械加工企业的冷却液，以及羊毛加工企业的洗毛废水多采用表面活性剂和碱性水溶液对膜表面进行清洗。溶剂清洗法主要利用有机溶剂对膜表面污染物的溶解作用。例如乳胶污染常用低分子醇及丁酮；纤维油剂污染除用温水清洗外，还定期用工业酒精清洗。

在化学清洗中，必须考虑到以下两点：①清洗剂必须对污染物有很好的溶解或分解能力；②清洗剂必须不污染和不损伤膜面。

因此，根据不同的污染物确定其清洗工艺时，要考虑到膜所允许使用的 pH 值范围、工作温度等。

5.6.2　循环冷却水的处理

（1）概述

众所周知，城市用水中 80% 以上是工业用水，工业用水中 80% 是冷却水，由此可见，工业冷却水用量占总用水量的大部分，冷却水的循环使用是节约用水量、缓解水资源日益紧张矛盾的最有效手段。

工业冷却水在循环使用过程中，因水中盐类和悬浮物的浓缩，以及在冷却塔与大气接触中，水质不同程度被污染，所以会产生比直流水更为严重的结垢、腐蚀、菌藻滋生等多种危害。循环水冷却处理技术主要就是研究和控制这些危害。

（2）工程实例

以城市中水回用于火电厂循环冷却水的处理工艺为例，设计的深度处理工艺流程为：污水处理厂二沉池出水，经水泵提升后进入预沉池进行预沉淀，再通过管道进入机械搅拌加速澄清池，在澄清池完成混凝剂聚合氯化铝（PAC）的添加、混合、澄清过程，池的污泥通过排泥管道排走，上清液通过管道进入变孔隙过滤池进行过滤，出水进入活性炭吸附塔去除有机物，完成活性炭吸附后的出水进入清水池，这时的清水已经去除了绝大部分的悬浮物和有机物，再用清水泵加压后进入弱酸氢离子交换器，通过弱酸阳离子交换树脂去除水中的硬度和碱度，出水进入软水池，再经缓蚀阻垢处理、微生物杀菌处理后，作为循环冷却水系统的补充水。工艺流程如图 5-10 所示。

① 预沉池。二沉池出水首先进入预沉池，进行预沉淀处理，预沉淀即大容积、低流速的自然沉淀处理。能够处理粗分散系中的杂质如泥沙等，但不能除去小于 $0.2\mu m$ 的胶体物质，预沉池同时兼有缓冲和调节作用。预沉池可采用矩形平流池或其他池型，预沉池的容积在理论上应根据来水变化周期内输出流量与进水流量之差来计算，也可以按调节时间计算，

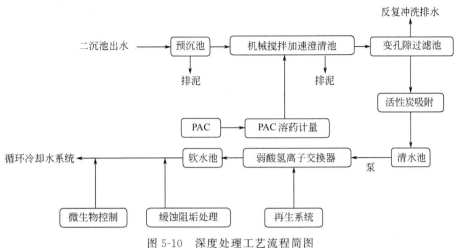

图 5-10　深度处理工艺流程简图

调节时间应是一个生产周期。寒冷地区的预沉池应考虑加保护盖，设计成半地下结构。预沉池设置排泥管道，不定期排泥。

② 机械搅拌加速澄清池。机械搅拌澄清池属于泥渣循环式澄清池，沉淀区内除了有悬浮泥渣层外，部分泥渣作循环运行，通过絮状物的循环起到接触絮凝作用。

利用机械搅拌澄清池接触絮凝的原理去除中水中的悬浮胶体颗粒，且利用原水中悬浮颗粒浓度越高，混凝效率越好的特点，同时完成水的引入、药剂的加入、水和药剂的充分混合、沉淀物生成与沉降、澄清水的引出和污泥的排除等过程。

中水通过澄清池处理后，可去除 80%～90% 的悬浮物，悬浮物含量降到 20mg/L 以下，原水中的有机物（COD）可除去 50% 左右，除去 80% 以上的微生物，使异养菌数降至 10^3 个/mL 以下。

混凝剂有多种，常见的如硫酸铝、硫酸亚铁、三氯化铁、聚合铁、聚合氯化铝（PAC）、聚合铁及有机高分子絮凝剂，如聚丙烯酸（PAA）、聚丙烯酰胺（PAM）等。其中聚合氯化铝（PAC）应用得较为普遍。

③ 变孔径过滤。变孔径过滤是以"同向凝聚"理论设计的一种滤池，具有过滤速度高、截污能力大、出水好的特点。

变孔径过滤是采用两种粒度明显不同的过滤介质，如粒度为 2～3mm 的粗石英砂和粒度为 0.5～1mm 的细石英砂，粗砂与细砂的组成比为 30：1，使细砂和粗砂混合，在整个床层中均匀分布，形成不均匀孔隙，这些孔隙延伸至整个床层的纵深区域。由于粗砂间的孔隙占大多数，因此过滤不仅仅发生在表面，而是在整个床层进行。

水通过变孔径过滤池，主要目的是去除水中混凝沉淀后残余的絮状物以及呈分散悬浮状态的无机和有机颗粒，包括各种浮游生物、细菌等。经过滤处理后的出水中的悬浮物应降到 2～5mg/L 以下，各种菌数可减少 90% 以上。

④ 活性炭吸附处理。经上述过程处理后的中水，已经去除了绝大部分悬浮物和部分有机物，为了防止对后续离子交换树脂造成危害，必须进一步去除有机污染物，可采取活性炭吸附处理。

活性炭在使用时放入过滤设备内，构成活性炭滤层让水通过，过滤设备可以设计为压力式，也可以设计为重力式，水通过的流速一般为 2～10m/h。粒状活性炭床对天然水中有机物的去除率一般在 50% 左右，投运初期可达 70%～80%，运行终点的去除率以不低于 20% 为限。

⑤ 弱酸氢离子交换器。弱酸性阳树脂具有交换容量大、很容易再生的特点，离子交换树脂失效后采用硫酸再生，可恢复交换能力。

弱酸氢离子交换器可去除水中的碳酸盐硬度，氢型弱酸性阳树脂的活性基团是羧酸基 COOH，参与交换反应的可交换离子是 H^+。

经弱酸氢离子交换后，可以在除去水中碳酸盐硬度的同时，降低水的碱度，含盐量也相应降低。含盐量的降低程度与进水水质的组成有关，进水碳酸盐硬度比值高者，含盐量降低的比例也大些；残留硬度与进水非碳酸盐硬度有关，进水非碳酸盐硬度大者，交换反应后残留硬度也大。

由于循环冷却水系统对补充水的 pH 值有严格的要求，要求 pH 值在 7.0～8.5 范围内。因此，弱酸氢离子交换器可采用如下运行方式：弱酸氢离子交换器分为双列布置，每列若干台，双列交替运行，按出水碱度控制交换器的运行终点。由于弱酸氢离子交换器运行初期出水有一定的强酸酸度，运行末期又有一定的碱度，采用双列交替运行方式，合理调度各台交换器的运行阶段，可使系统总出水的 pH 控制在要求的范围内。另外为了稳定 pH，可在弱酸氢离子交换器投运初期，采用一部分水经弱酸氢离子交换器处理，其余水不经交换器处理，混合水作为系统的总出水，利用进水的碱度中和交换器投运初期的强酸酸度，保持总出水的 pH 值在要求范围内。

⑥ 缓蚀阻垢处理。采用投加化学药剂的方法控制循环冷却水系统的腐蚀或结垢倾向，化学药剂常用的形式主要有阻垢缓蚀剂和阻垢分散剂两种。添加量应依靠试验来确定。

⑦ 微生物控制。循环水中的微生物会引起粘泥及导致微生物腐蚀，必须进行抑制微生物的处理，这种处理常简称为杀生处理或杀菌处理。抑制微生物的药剂称为杀生剂，又称杀菌灭藻剂、杀微生物剂或杀菌剂等。添加杀生剂是控制冷却水系统中微生物生长常用的方法。

5.6.3　中水回用工艺

（1）概述

中水回用技术系指将小区居民生活废（污）水（沐浴、盥洗、洗衣、厨房、厕所）集中处理后，达到一定的标准回用于小区的绿化浇灌、车辆冲洗、道路冲洗、家庭坐便器冲洗等，从而达到节约用水的目的。

中水因用途不同有三种处理方式：①一种是将其处理到饮用水的标准而直接回用到日常生活中，即实现水资源直接循环利用，这种处理方式适用于水资源极度缺乏的地区，但投资高、工艺复杂。②另一种是将其处理到非饮用水的标准，主要用于不与人体直接接触的用水，如便器的冲洗，地面、汽车清洗，绿化浇洒、消防、工业普通用水等，这是通常的中水处理方式。③工业上可以利用中水回用技术将达到外排标准的工业污水进行再处理，一般会加上混床等设备使其达到软化水水平，可以进行工业循环再利用，达到节约资本、保护环境的目的。

（2）工艺流程

中水处理系统一般由污水收集-调节-预处理单元-处理单元-深度处理单元-储存-输配等部分组成，单元处理工艺的正确选择与合理组合对中水系统的正常运行和处理效果具有重要的意义。以下是几种有代表性的中水工艺流程：

① 以优质杂排水为原水的中水工艺流程。以优质杂排水为中水原水时，采用了以物化处理为主流程，或生物和物化处理相结合的流程，具体过程见图 5-11～图 5-13。

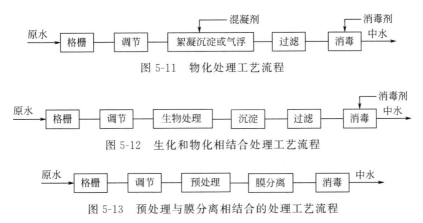

图 5-11 物化处理工艺流程

图 5-12 生化和物化相结合处理工艺流程

图 5-13 预处理与膜分离相结合的处理工艺流程

比较上述工艺流程和工程实际运行过程可知，采用生物处理为主工艺的中水处理设施，无论是膜生物反应器、生物接触氧化还是生物转盘，经处理后的出水水质能够达到中水水质标准。采用物化处理工艺的中水处理设施，部分处理后的水质较差，出水 COD_{Cr}、BOD_5、SS 三项指标超过了中水水质标准。

② 以生活污水为原水的中水工艺流程。城市污水处理厂二级处理出水具有水质水量稳定、集中、供给可靠等特点，如果能将城市集中处理污水在深度处理后进行回用，可以填补城市缺水的巨大缺口，这将大大缓解中国的水资源紧缺问题，同时减少向水环境的排污量，在带来可观经济效益的同时也带来很大的环境效益。

城市污水处理厂深度处理工艺的选择，取决于回用对象对水质的要求。目前多数污水处理厂出水，经过深度处理后用于工业冷却水、建筑用中水、市政杂用水、景观用水以及农业灌溉用水，对水质要求相对不高而且不同用途间比较接近，所以中水处理工艺也比较接近。

经过多年的研发和实践，根据不同的水质要求或不同污水处理厂的处理工艺已开发出各种各样的污水再生深度处理工艺。主要有以下几种。

a. 二级处理尾水-消毒-中水；

b. 二级处理尾水-过滤-消毒-中水；

c. 二级处理出水-化学混凝沉淀（或气浮）-过滤-氯消毒-回用；

d. 二级处理出水-生物接触氯化-接触过滤-氯消毒-回用；

e. 二级处理出水-生物曝气滤池-精密过滤-氯消毒-回用；

f. A/O 处理出水-微絮凝过滤-氯消毒-回用。

试题练习

1. 下列说法正确的是(   )。

A. 废水 pH 对吸附的影响与吸附剂的性能无关

B. 温度越高对吸附越有利

C. 共存物对吸附无影响

D. 吸附质在废水中的溶解度对吸附有较大影响

2. 采用活性炭吸附法处理污水时，在吸附塔内常常有厌氧微生物生长，堵塞炭层，使出水水质恶化，导致这种现象的原因可能是(　　)。

A. 进水中溶解氧的浓度过高

B. 进水中 COD 含量过高，使吸附塔的有机负荷过高

C. 气温或水温过低

D. 废水在炭层内的停留时间过短

3. 离子交换操作包括四个阶段，正确的工作顺序是(　　)。

A. 交换、反冲洗、再生、清洗

B. 清洗、交换、反冲洗、再生

C. 再生、反冲洗、清洗、交换

D. 反冲洗、交换、再生、清洗

4. 下列哪种不是膜分离技术。(　　)

A. 反渗透

B. 电渗析

C. 多级闪蒸

D. 超滤

5. 离子交换操作过程包括哪几个阶段? 各有什么作用?

6. 简述膜分离法。

项目六 污泥的处理与处置

学习目标

本项目将主要介绍污水处理过程中排出系统的污泥如何进行有效处理和处置，最终完成污染治理的整个过程，通过本项目的学习达到如下学习目标：

1. 了解污泥处理处置的基本方法，污泥处理处置的主要方法与典型工艺流程；
2. 熟悉污泥前处理工艺设备的运行与维护；
3. 掌握污泥中间处理工艺的运行管理与维护；
4. 熟悉污泥处置常用设备。

任务分析

污水处理厂污泥是指污水处理过程中产生的半固态或固态物质，不包括栅渣、浮渣和沉砂，其主要来源是初沉池污泥和剩余污泥。针对污泥提出相应的处理和处置方法之前，首先要了解此物质的性质，做到有的放矢。了解污泥的基本性质是科学、合理地处理和利用污泥的重要条件。在污泥处理处置工艺运行的过程中，通过对污泥的泥质等进行测试分析和计量，从而对工艺作出判断和调整，也是污泥处理处置运行管理与维护的重要工作部分。因此，对污泥泥质进行分析与计量是污泥处理处置工艺运行管理与维护的首要任务。

污泥处理处置是指将污泥经过一系列的物理、化学或生物处理，降解有机物、杀灭细菌，使污泥稳定化，一般包括前处理、中间处理和最终处置三个阶段，如图 6-1 所示。

前处理一般包括浓缩、消化、脱水等工艺；中间处理一般有堆肥、干化、碱性稳定和焚烧等工艺；污泥最终处置方式主要有土地利用、卫生填埋、建材利用等。

通过学习本项目相关知识了解污泥性质及处理处置方法，通过实训项目掌握污泥处理与处置设施的运行操作和管理。

污泥是污水处理的副产品，也是必然产物，包括从沉淀池排出的沉淀污泥、从生物处理系统排出的剩余生物污泥等。污泥中含有大量有机物和丰富的氮、磷等营养物质以及重金属、难降解有机物、致病菌、寄生虫、盐类等有害成分。从物料平衡的角度看，污水处理可以看成是污染物部分被微生物吸收、转移至污泥的过程。如果污泥得不到有效处理和处置，污水处理只能算是污染物转移的一个过程。未经稳定化、无害化处理的污泥见图 6-2。

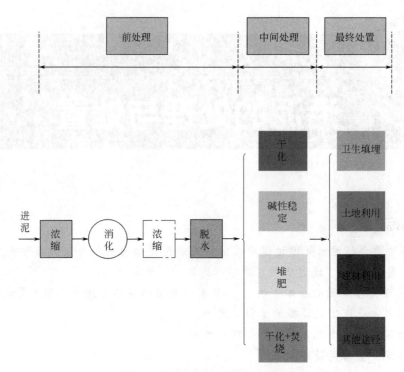

图 6-1　常用污泥处理处置流程图

图 6-2　未经稳定化、无害化处理的污泥

　　十二五期间，全国每年污泥产生量接近 2200 万吨，其中有 80% 没有得到妥善处理，污泥处理处置相对滞后，污泥处理处置设施建设严重不足。随着加快建设资源节约型、环境友好型社会和提高生态文明水平进程的推进，污泥处理处置已成为社会普遍关注的问题，国家对污泥的处理处置越来越重视。许多城市和地区都在纷纷完善污水处理项目、上马污泥处理处置项目，需要大量的相关专业的人才，尤其是有实际经验的污水操作工、污泥操作工。

6.1　污泥的性质

6.1.1　污泥分类

　　污水处理厂的污泥成分与数量受到城市下水道的体制（分流制或合流制），居民的生活水平（如用水标准），工厂的性质、污水处理的方法、处理厂的负荷等各种因素的影响，污泥处理工艺的操作人员必须掌握本厂污泥的性质。

城市污水处理厂的污泥按污泥性质不同，可分为污泥和沉渣。

污泥的主要特性是有机物含量高、容易腐化发臭、颗粒较细、含水率高不易脱水、呈胶状结构的亲水物质，易用管渠输送。往往含有很多植物营养素、寄生虫卵、致病微生物及重金属离子等。初次沉淀池、二次沉淀池的沉淀物均属污泥。沉渣的主要特性是颗粒较粗、密度较大、易脱水；但流动性较差、不易用管渠输送、也不易腐化。沉砂池包括某些工业废水物理、化学处理过程中的沉淀物，如铁屑、焦炭、石灰渣等。

按处理方法不同可分为初沉池污泥、腐殖污泥与剩余活性污泥、消化污泥等。

① 初沉池污泥。污水在一级处理过程中，由初次沉淀池产生的污泥。由固体物质组成，其成分随原污水的成分不同而异，所产生的污泥既具有生活污水污泥的特性、又有工业废水的特性，有机物含量较高，呈灰色或黄灰色糊状物。

② 腐殖污泥与剩余活性污泥。污水在二级处理过程中产生的污泥、生物膜法后的二次沉淀池沉淀物称腐殖污泥，活性污泥法后的二次沉淀池沉淀物称活性污泥，扣除回流至曝气池后，剩余的部分称剩余活性污泥。

③ 消化污泥。初次沉淀污泥，腐殖污泥与剩余活性污泥经消化处理后，称消化污泥或熟污泥。熟污泥含水率得到降低、污泥性质得到改善，污泥呈黑色，变成稳定的腐殖质，易于脱水。未经消化的污泥又称生污泥。

④ 深度处理污泥。指深度处理产生的污泥，常称化学污泥。这些污泥在城市污水处理厂中很少见到。

6.1.2　污泥检测

污泥的主要分析项目有污泥的含水量和含水率、挥发性固体和固定固体含量、有机成分的组成和分类、污泥的脱水性能、污泥的可消化程度、湿污泥的密度和干污泥的密度、污泥的肥分、污泥的燃烧价值等。

污泥指数又叫污泥容积指数，是污水处理过程中的控制指标。污泥指数（SVI）是指曝气池出口处混合液经 30min 静沉后，1g 干污泥所占的容积，以 mL 计。污泥指数也是表示活性污泥的凝聚沉降和浓缩性能的指标。SVI 低时，沉降性能好，但吸附性能差；SVI 高时，沉降性能不好。

SVI≤100 污泥的沉降性能好；100＜SVI≤200 污泥的沉降性能一般；SVI＞200 污泥的沉降性能不好。

正常情况下，城市污水 SVI 值为 50～150。

6.2　污泥处理与处置技术概述

典型的污泥处理处置工艺流程一般包括污泥浓缩、污泥消化、污泥脱水、污泥处置四个阶段。因而，污泥前处理，主要是指为了污泥处理过程的后一个处理环节正常进行而采用的处理。一般而言，污泥调理（调质）是污泥浓缩、污泥脱水或污泥消化的前处理；污泥浓缩是污泥脱水的前处理；污泥脱水、污泥消化是污泥最终处理与处置的前处理。本项目将重点介绍污泥调理、污泥浓缩、污泥脱水、污泥消化的工艺原理、主要设备及日常管理维护运行中需注意的问题。

6.3 污泥浓缩

污泥浓缩就是通过污泥增稠来降低污泥的含水率和减小污泥的体积，从而降低后续处理费用。污泥浓缩常用的方法有重力浓缩法、气浮浓缩法和离心浓缩法三种。生物污泥从沉淀池排除时含水率通常在99％甚至更高，必须经过浓缩。经过浓缩以后，可使污泥含水率降低到96％，污泥的体积可缩小到原来的1/4左右，减轻后续构筑物或处理单元的压力。因此，浓缩是污泥减容效果最显著的一步。浓缩池产生的污水通常返回到处理厂的进口处再次处理。浓缩产生可用于脱水处理的浓缩污泥，甚至可用于土地回用。对于一些脱水系统而言，高浓度污泥有利于提高工作效率。浓缩池也可使污泥进一步均匀化，有利于后续的脱水操作。

重力浓缩是利用污泥中固体颗粒与水之间的相对密度差来实现污泥浓缩的。初沉池污泥可直接进入浓缩池进行浓缩，含水率一般可从95％～97％浓缩至90％～92％。剩余污泥一般不宜单独进行重力浓缩。如果采用重力浓缩，含水率可从99.2％～99.6％降到97％～98％。对于设有初沉池和二沉池的污水处理厂，可将这两种污泥混合后进行重力浓缩。

气浮浓缩与重力浓缩相反，是依靠大量微小气泡附着在污泥颗粒的周围，减小颗粒的密度而强制上浮。因此气浮法对于密度接近$1g/cm^3$的污泥尤其适用。气浮浓缩是使溶于水中的气体以微气泡的形式释放出来，并能迅速又均匀地付着于污泥固体颗粒上，使固体颗粒的密度小于水而产生上浮，从而达到固体颗粒与水分离的方法。

离心浓缩法的原理是利用污泥中固、液密度不同而具有不同的离心力进行浓缩。离心浓缩法的特点是自成系统，效果好，操作简便；但投资较高，动力费用较高，维护复杂；适用于大中型污水处理厂的生物和化学污泥。

6.4 污泥消化

污泥消化是指在人工控制条件下，通过微生物作用的代谢作用，使生物固体中的有机质稳定化的过程。污泥消化分为污泥好氧消化和污泥厌氧消化，一般说的污泥消化是指厌氧消化。

6.4.1 厌氧消化

厌氧消化是对有机污泥进行稳定化处理最常用的方法。厌氧消化指有机质在无氧条件下，由兼性菌和厌氧细菌将可生物降解的有机物分解为CH_4、CO_2、H_2O和H_2S的消化技术。在污泥中，有机物主要以固体状态存在。厌氧消化产生的甲烷能抵消污水厂所需要的一部分能量，并使污泥固体总量减少（通常厌氧消化使25％～50％的污泥固体被分解），减少了后续污泥处理的费用。消化污泥是一种很好的土壤调节剂，它含有一定量的灰分和有机物，能提高土壤的肥力和改善土壤的结构。消化过程尤其是高温消化过程（在50～60℃条件下），能杀死致病菌。尽管有如上的优点，厌氧消化也有缺点：投资大，运行易受环境条件影响，污泥消化不易沉淀（污泥颗粒周围有甲烷及其他气体的气泡），消化反应时间长等。

6.4.2 厌氧消化的影响因素

产甲烷反应是厌氧消化过程的控制阶段，一般来说，在讨论厌氧生物处理的影响因素时主要讨论影响产甲烷菌的各项因素。主要影响因素有温度、pH值、污泥投配率、营养与碳氮比、搅拌、有毒物质含量等。

（1）温度

在厌氧消化过程中，温度的范围是很宽泛的，从低温到高温都存在。例如北极下水道中发现有极低温度下存活的甲烷菌。通常依据微生物活性把温度范围分为三类：一类是嗜寒的，温度范围为10～20℃；一类是嗜温的，温度范围为20～45℃，通常使用37℃；一类是嗜热的，温度范围为50～65℃，通常是55℃。厌氧消化分为：常温消化（10～30℃）、中温消化（33～35℃）和高温消化（50～55℃）；高温消化的反应速率约为中温消化的1.5～1.9倍，产气率也相对较高，但气体中甲烷含量较低。

（2）污泥投配率

指每日加入污泥消化池的新鲜污泥体积与消化污泥体积的比率，以百分数计。根据经验，中温消化以6%～8%为宜。在设计时，新鲜污泥投配率可在5%～12%之间选用。投配率大，有机物分解程度减少，产气量下降，所需消化池体积小；反之产气量增加，所需消化池容积大。

（3）营养与碳氮比

厌氧消化原料在厌氧消化过程中既是产生沼气的基质，又是厌氧消化微生物赖以生长、繁殖的营养物质。这些营养物质中最重要的是碳素和氮素两种营养物质，厌氧发酵原料的C、N比以（20～30）：1为宜。原料C、N比过高，碳素多，氮素养料相对缺乏，系统的缓冲能力低，pH值易降低，细菌和其他微生物的生长繁殖受到限制，有机物的分解速率就慢、发酵过程就长。若C、N比过低，可供消耗的碳素少，氮素养料相对过剩，则容易造成系统中氨氮浓度过高，出现氨中毒，会抑制消化过程。

（4）搅拌

搅拌可使消化物料分布均匀，增加微生物与物料的接触，并使消化产物及时分离，从而提高消化效率、增加产气量。同时，对消化池进行搅拌，可使池内温度均匀，加快消化速率，提高产气量。

（5）酸碱度

pH值是厌氧消化过程中最重要的影响因素，pH的变化直接影响着消化过程和消化产物。重要原因：产甲烷菌对pH的变化非常敏感，一般认为，其最适pH范围为6.8～7.2，当pH<6.5或pH>8.2时，产甲烷菌会受到严重抑制，从而进一步导致整个厌氧消化过程的恶化。

（6）有毒物质含量

有毒物质的存在对甲烷菌的产甲烷过程有影响，这些有毒物质包括金属钠离子、钾离子、钙离子、镁离子、铵离子、表面活性剂以及硫酸根离子、亚硝酸根离子和硝酸根离子等。

6.4.3 厌氧消化池的构造

厌氧消化池主要用于处理城市污水厂的污泥，也可用于处理固体含量很高的有机废水或污泥。一个设计良好的消化反应器应当利于污泥搅拌，可阻止污泥在池底的沉积，消除或减少泥渣的形成，并方便产气。设计良好的反应器应有利于节能，在需要的部位能量较集中，在其他部位能量则较低或适中。随着建筑技术的进步，不同形式的消化池逐步出现。

① 浮盖型。这种池型径高比大于1，顶部和底部的锥形梯度较小，常用于内部污泥可变化的情况，上部有一个可浮动的顶盖。这种池型虽然通过气体搅拌可达到充分混合，但污泥沉积问题未得到彻底解决。一般每年2～5年需放空清理一次，这样对池体结构产生不利影响。

　　② 传统型由中部柱体和上下锥体组成，这种构型为完全内循环提供了良好条件，有利于池内保持均相。

　　③ 龟甲形消化池在英、美国家采用得较多，此种池形的优点是土建造价低、结构设计简单。但要求搅拌系统具有较好的防止和消除沉积物效果，因此相配套的设备投资和运行费用较高。

　　④ 蛋形是对传统型的改进。由于混凝土结构和施工技术的进步，使其建设成为可能。其渐变的外墙曲线及污泥与池壁间接触面的缩小为污泥循环搅拌均匀提供了最优的条件。虽然它的建造费用较高，但是它被认为是低能耗的构筑物，值得推广使用。我国城市污水处理厂也开始设计并建造这种蛋形消化池。目前实际中应用的消化池的直径为 $6\sim38m$，池高度为 $6\sim45m$，单池容积为 $300\sim14200m^3$。见图 6-3。

图 6-3　蛋形厌氧消化池

6.5　污泥消毒

　　污水处理过程中产生的污泥不仅含有大量的有机质和 N、P、K 等营养元素，同时还含有大量细菌、病毒及重金属，处理不当会造成二次污染，因此在处置前必须对其进行消毒处理，以保证其运输、堆放和使用的安全。但污泥在消毒过程中产生的副产物很可能会引起负面的生态效应，因此安全、可靠的污泥消毒技术成为近年来研究的热点。

6.5.1　生物消毒技术

（1）厌氧消化

国内的污水厂多采用中温厌氧消化技术，因中温消化的温度与人的体温接近，故对大肠菌及寄生虫卵的灭活率较低；而高温消化对大肠菌、寄生虫卵的灭活率则较高。

（2）堆肥技术

污泥堆肥一般是对消化后的污泥或脱水后的污泥在好氧条件下，利用嗜温菌、嗜热菌的作用，分解污泥中有机物质以提高污泥肥分并杀灭传染病菌、寄生虫卵与病毒。有研究表明堆肥可将污泥中的粪大肠菌群数从 $10\sim10000MPN/g$ 降至 $1\sim10MPN/g$，沙门菌从 $40MPN/g$ 降至 $1MPN/4g$。

6.5.2 化学方法消毒

（1）药剂消毒法

药剂消毒法操作方便、效果好，常被特殊行业（如医院）和作为应急措施（如突发事件）使用。长期以来，氯气和次氯酸钠因其经济有效、使用方便而得到广泛使用。但氯易与水中有机物发生反应生成具有致癌、致畸、致突变的消毒副产物，从而使氯胺、二氧化氯、臭氧等其他消毒剂受到关注并开始得到应用。大量的研究结果表明，使用氯胺、二氧化氯、臭氧可以有效降低三氯甲烷等消毒副产物的含量，在消毒效果方面则臭氧和氯大致处于同一水平，二氧化氯稍弱，氯胺的效果最差。此外二氧化氯会产生亚氯酸盐的问题，臭氧不具残余性难以保证消毒效果。因此对于污泥药剂消毒法而言，应该研究如何控制其负面效应并寻求其他更加安全的消毒剂（如过氧乙酸、过氧化氢等）。

（2）石灰稳定法

使用石灰对污泥进行稳定和消毒是一种传统方法，M.V.Boost 等对石灰稳定法进行了改进，即在石灰中掺入粉碎的煤渣（PFA）。结果表明其对含有病原菌的污泥消毒效果较好。由于 PFA 是电厂煤燃烧的残留物，除小部分用于建筑工业外，其余均需要进行处理，因此这种改进具有一定的经济和环境效益。

6.5.3 物理消毒方法

（1）辐射消毒

辐射消毒是一个较新的技术分支，主要采用^{60}Co（电离辐射）和电子辐射（电子加速器）技术。由于辐射消毒灭菌时无需升高温度，不产生消毒副产物，大大减小了对生态环境的影响，因此被认为是绿色技术。

（2）联合法

研究发现采用联合工艺如供氧辐射（辐射过程中供氧或供空气）、加热辐射（辐射时加热）时，污泥所需的吸收剂量会更低。

6.6 污泥脱水与干化

污泥的主要成分是水分（99%左右）和有机物，还有少量的氮化物、磷化物、多环芳烃、农药残留、病原体和重金属离子等。多数国家普遍采用的脱水机械为带式压滤机、离心机和板框压滤机。目前国内多数污水处理厂采用了带式机或离心机，板框压滤机较少采用。

6.6.1 离心污泥脱水机

离心污泥脱水机是一种连续运行的脱水环保机械。该设备的工作原理为：通过转子的转动产生离心力，并将离心力施加在转子内的污泥上，利用污泥固体与液体存在密度差来完成污泥的泥水分离。离心式技术与其他脱水技术相比，优点是固体回收率高、分离液浊度低、处理量大、占地少、操作简单、自动化程度高等；可以不投加或少量投加化学调理剂。其动力费用虽然较高，但总运行费用较低，是目前世界各国在污泥处理中较多使用的方法。

　　离心机种类很多，污泥处理中主要使用卧式螺旋卸料转筒式离心机，它是一种卧式螺旋卸料、连续操作的高效离心分离、沉降设备，转鼓与螺旋内筒以一定差速同向高速旋转，物料由进料管连续引入输料螺旋内筒，加速后进入转鼓，在离心力场作用下，较重的固相物沉积在转鼓壁上形成沉渣层。

6.6.2　带式压滤脱水机

　　带式压滤脱水机是一种可连续工作的污泥脱水环保机械，该设备具有以下特点：为适应不同性质的污泥，带式压滤机可采用不同的调节方式进行控制，在保持恒定的滤带行进速度的情况下，带式压滤机动力消耗少，通过进泥量的调节，可以连续生产。图 6-4 为带式压滤脱水机的外观图，一般带式压滤脱水机由滤带、锟压筒、滤带张紧系统、滤带调偏系统、滤带冲洗系统和滤带驱动系统构成。

图 6-4　带式压滤脱水机

6.6.3　板框压滤机

　　板框压滤机污泥脱水设备主要是由稳板、滤板定位、滤板、液压、机架、安全保护、冲洗等装置组合而成的环保机械。板框压滤机工作原理：首先将滤布放入压紧的两块有凹凸槽和透水孔的板框中，利用污泥泵将污泥泵入两块滤布之间，通过压力排出污泥中的水分，板框在保压一段时间后打开，抽出滤布然后卸下泥饼完成整个污泥脱水过程。图 6-5 为板框压滤机外观图。

　　设备选型时，应考虑以下几个方面。

　　① 滤饼的含固率。滤饼含固率的提高，不仅有利于减少污泥堆置面积，而且可以大大节约运输成本，因此滤饼含固率是选择污泥脱水方法的重要指标之一。板框式压滤机与其他类型污泥脱水机相比，滤饼含固率最高，可以达到 35％左右。

　　② 板框的材质。板框的材质有铸铁、增强聚丙烯、玻纤耐高温聚丙烯、不锈钢等供选择。

　　③ 滤板的移动方式。为了减轻操作人员的劳动强度，要求通过液压-气动装置全自动或半自动来完成。

　　④ 滤布及滤板的材质。滤板和滤布要求耐酸、耐腐蚀；滤布需要具有一定的抗拉强度，

以免频繁更换。

⑤ 滤布的振荡装置。为了使滤饼易于脱落，要选择合适的滤布振荡装置。

根据污泥量、过滤机的过滤能力来确定所需过滤面积和压滤机台数及设备布置。确定过滤能力后，将每小时产生的污泥干重量除以过滤能力即可求得所需过滤面积，再根据过滤机产品规格至少选用 2～3 台，并绘制全套设备及脱水车间布置图。

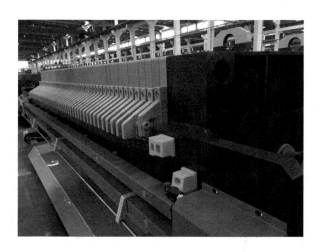

图 6-5　板框压滤机

6.6.4　污泥干化

干化是一种利用热能将污泥中水分快速蒸发的处理工艺，根据热能的来源和加热方式的不同，可分为流化干燥、间壁干燥、过热蒸汽干燥、红外辐射干燥、对撞流干燥等。现在国外常见的干化工艺有流化床干化、盘式干化、转鼓干化。自 20 世纪 80 年代末期以来，污泥热干化技术在欧美等发达国家应用广泛。例如欧洲在 20 世纪 80 年代初只有数家污水处理厂采用污泥热干化设备处理污泥，但到 1994 年底已有约 100 家污泥干化处理厂，并且还在逐年增加。

（1）污泥干化的特点

污泥热干化的优点主要有：①经过干化处理的污泥呈颗粒状或者粉末状，性状得到了改善；②由于大大降低了污泥含水率，使得污泥体积显著减少，为后续处理提供了有利条件；③经过干化的污泥用途广泛，这一系列优点使污泥干化在整个污泥处理中扮演越来越重要的角色；④污泥的干化往往是在温度较高的条件下进行的，高温处理的过程中去除了臭味和病原体。

（2）污泥干化工艺类型

污泥干化按热介质与污泥接触的方式可分为：直接加热式、间接加热式和"直接-间接"联合式。直接加热式是将燃烧室产生的热气与污泥直接进行接触混合，使污泥得以加热，水分得以蒸发并最终得到干污泥产品，是对流干化技术的应用。间接加热式是将燃烧炉产生的热气通过蒸汽、热油介质传递，加热器壁，从而使器壁另一侧的湿污泥受热，水分蒸发而加以去除，是传导干化技术的应用。"直接-间接"联合式是对流和传导技术的结合。

污泥典型热干化流程见图 6-6。

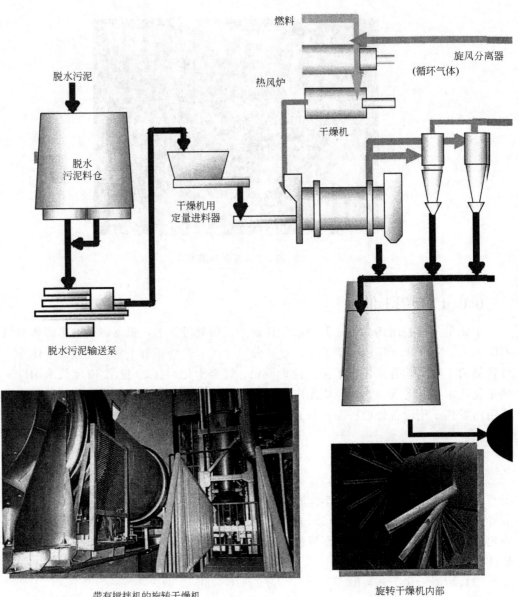

燃料

旋风分离器
(循环气体)

脱水污泥

热风炉

脱水
污泥料仓

干燥机

干燥机用
定量进料器

脱水污泥输送泵

带有搅拌机的旋转干燥机

旋转干燥机内部

图 6-6　污泥典

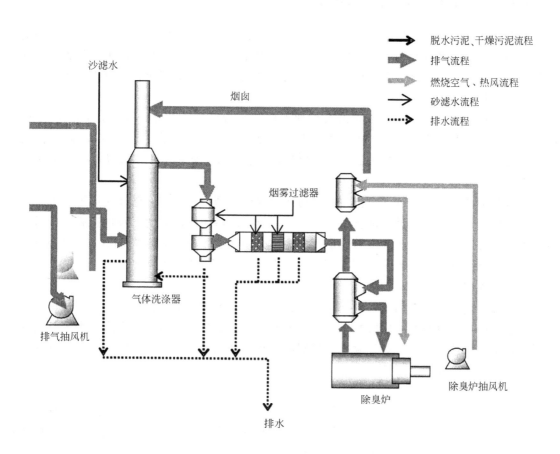

沙滤水

脱水污泥、干燥污泥流程

排气流程

燃烧空气、热风流程

砂滤水流程

排水流程

烟囱

烟雾过滤器

气体洗涤器

排气抽风机

除臭炉

除臭炉抽风机

排水

干燥污泥

肥料、土壤改良材料

型热干化流程图

6.7 污泥的稳定化处理

污泥稳定化处理就是降解污泥中的有机物质，进一步减少污泥含水量，杀灭污泥中的细菌、病原体等，打破细胞壁，消除臭味，这是污泥能否资源化有效利用的关键步骤。污泥稳定化的方法主要有氯氧化、石灰稳定、热处理、厌氧消化、好氧消化、厌氧消化等。

（1）石灰稳定法

在石灰稳定法中，将足够数量的石灰加到处理的污泥中，将污泥的 pH 提高到 12 或更高。高 pH 所产生的环境不利于微生物的生存，则污泥就不会腐化、产生气味和危害健康。石灰稳定法并不破坏细菌滋长所需要的有机物，所以必须在污泥 pH 显著降低或会被病原体再感染和腐化以前予以处理。

将石灰加到未处理的污泥中作为促进污泥脱水的调理方法，实际已经使用了若干年，然而用石灰作为稳定剂是最近才被发现。稳定单位重量的污泥所需要的石灰量比脱水所需要的量要大。此外，要在脱水前高水平地杀死病原体必须提供足够的接触时间，当 pH 高于 12，经 3h，可以使石灰处理杀死病原体的效果超过厌氧消化所能达到的水平。

（2）氯氧化法

氯氧化法就是利用高剂量的氯气将污泥化学氧化。通常将氯气直接加入贮存在密封反应器内的污泥中，经过短时间后脱水。常采用的砂床干化层是一种有效的方法。大多数氯氧化装置是按定型设计预制的，通过设置加氯器向过程中加氯，为使污泥在脱水前处于良好状态需要添加氢氧化钠和聚合电解质。

（3）热处理

热处理既是稳定过程，也是调理过程。热处理使污泥在压力下短时间加热。这种处理方法使固体凝结，破坏凝胶体结构，降低污泥固体和水的亲和力，从而污泥也被消毒，臭味几乎被消除，而且不加化学药品就可以在真空过滤机或压滤机上迅速脱水。

（4）好氧、厌氧消化

好氧消化，即在不投加底物的条件下，对污泥进行较长时间的曝气，使污泥中的微生物处于内源呼吸阶段进行自身氧化。因此微生物机体的可生物降解部分被氧化去除，消化程度高，剩余消化污泥量少。厌氧消化指在无氧的条件下，借兼性菌及专性厌氧细菌的作用将污泥中的挥发性固体的量降低 40% 左右。

6.8 污泥焚烧

污泥焚烧是污泥处理的一种工艺。它利用焚烧炉将脱水污泥加温干燥，再用高温氧化污泥中的有机物，使污泥成为少量灰烬。

污泥焚烧的优点：适应性强、资源再利用、占地小、减容 85% 以上，达到了完全灭菌，并达到最大程度的减量，污泥干化/焚烧工艺的运行费用较干化低。

主要缺点：工艺较复杂，一次性投资大，设备数量多，操作管理复杂，技术要求高。

污泥焚烧是一种常见的污泥处置方法，它可破坏全部有机质，杀死一切病原体，并最大限度地减少污泥体积，焚烧残渣相对含水率约为 75% 的污泥仅为原有体积的 10% 左右。当污泥自身的燃烧热值较高，城市卫生要求较高，或污泥有毒物质含量高，不能被综合利用时，可采用污泥焚烧处理处置。污泥在焚烧前，一般应先进行脱水处理和热干化，以减少负荷和能耗，还应同步建设相应的烟气处理设施，保证烟气的达标排放。

污泥焚烧目前还有利用垃圾焚烧炉焚烧、利用工业用炉焚烧、利用火力烧煤发电厂焚烧、污泥单独焚烧等多种方法。用于污泥焚烧处理的焚烧炉有多层焚烧炉、流化床焚烧炉、炉排焚烧炉、复合床焚烧炉等。

6.8.1 利用垃圾焚烧炉焚烧

垃圾焚烧炉大都采用了先进的技术，配有完善的烟气处理装置，可以在垃圾中混入一定比例的污泥一起焚烧，一般混入比例可达30%左右。

6.8.2 利用工业用炉焚烧

主要利用沥青或水泥的工业焚烧炉，焚烧干化后的污泥，污泥的无机部分（灰渣）可以完全地被利用于产品之中。通过高温焚烧至1200℃，污泥中的有机物、有害物质被完全分解，同时在焚烧中产生的细小水泥悬浮颗粒，会高效吸附有毒物质，而污泥灰粉一并熔融入水泥的产品之中。

6.8.3 利用火力烧煤发电厂焚烧

经过国外发电厂焚烧污泥的研究证明，污泥投入量为耗煤总量的10%以内，对于烟气净化和发电站的正常运转没有不利影响。

6.8.4 污泥单独焚烧

污泥单独焚烧设备有多段炉、回转炉、流化床炉、喷射式焚烧炉、热分解燃烧炉等。焚烧处理污泥速度快，不需要长期储存，可以回收能量。但是，其较高的造价和烟气处理问题也是制约污泥焚烧工艺发展的主要因素。当用地紧张、污泥中有毒有害物质含量较高、无法采用其他处置方式时，可以考虑污泥的干化焚烧。上海市桃浦污水处理厂和石洞口污水处理厂，由于污泥不适合土地利用，分别采用直接焚烧和干化焚烧工艺，并成功运行多年，取得了较好的效果，焚烧处理是一种有效的处理处置技术。

污泥焚烧过程中的核心设备是焚烧炉。焚烧炉的选用主要取决于污泥的处理量及其特性，以及财力、技术等。对于处理量小、热值低的污泥采用投资较少的简单焚烧炉是恰当的；而处理量大、资源利用率高的污泥可使用投资较大、技术设备较好的焚烧炉。

流化床技术在焚烧领域中占有很重要的位置，现已广泛应用于城市固体废物的焚烧中。流化床焚烧炉构造简单，由风箱、空气分配器、流化床和分离区组成。流化床焚烧炉的主体设备是一个圆形塔体，下部设有分配气体的分配板，塔内壁衬耐火材料，并装有一定量的耐热粒状载体。气体分配板有的由多孔板做成，有的平板上穿有一定形状和数量的专业喷嘴。气体从下部通入，并以一定速度通过分配板，使床内载体"沸腾"呈流化状态。在该焚烧炉的炉膛内，有一个悬浮的焚烧区。流化床焚烧炉的工艺流程为：经脱水处理及干燥的污泥和一定比例的石灰石/石英砂由螺旋给料器从炉本体的密相区加入，污泥中的固定碳主要集中在密相区燃烧，而挥发分大部分在稀相区燃烧。若污泥的热值较低，需向炉内加入天然气辅助燃料，维持污泥的正常燃烧。燃烧过程中产生的炉渣经排渣阀由炉底排出，随烟气飞离焚烧炉的细灰则由尾部除尘装置分离、捕集。流化床焚烧设备实例如图 6-7、图 6-8 所示。

　　流化床的特点是利用硅砂为热载体，在预热空气的喷流下，形成悬浮状态，泥饼加入后，与灼热的砂层进行激烈混合焚烧。通常，污泥焚烧的床温为 $730\sim870℃$，自由空域温度高 $20\sim40℃$。在自由空域里，气体残留时间通常为 $5\sim7s$，足以破坏大部分有机物。

图 6-7　150t/d×2 流化床焚烧设备实例

图 6-8　250t/d 流化床焚烧设备实例

6.9　污泥堆肥

　　污泥堆肥是一种很好的土壤改良剂。当堆肥被用于农田时，可以增加有机质，改善土壤结构，减少肥料的使用量，并且可以减轻土壤的潜在侵蚀。堆肥技术在实际应用中可以达到"无害化""减量化""资源化"的效果，并且具有经济、实用、不需外加能源、不产生二次污染等特点。因此，20 世纪 70 年代后，污泥堆肥技术引起世界各国的广泛重视，并迅速成为环保领域内的一个研究热点。

　　堆肥一般分为好氧堆肥和厌氧堆肥两种。好氧堆肥是在有氧情况下有机物料的分解过程，其代谢产物主要是二氧化碳、水和热；厌氧堆肥是在无氧条件下有机物料的分解，厌氧分解最后的产物是甲烷、二氧化碳和许多低分子量的中间产物，如有机酸等。厌氧堆肥与好氧堆肥相比，单位质量的有机质降解产生的能量较少，而且厌氧堆肥通常容易发出臭气。由于这些原因，几乎所有的堆肥工程系统都采用好氧堆肥。见图 6-9。

图 6-9　污泥堆肥处理

　　堆肥化过程常分为 3 个阶段：中温阶段，高温阶段，腐熟阶段。中温阶段结束的标志是堆温升至 45℃，高温阶段耗氧速率高、温度高、挥发性有机物降解速率高、臭味很浓；腐熟阶段则耗氧速率低、空隙率增大、腐殖质增多且稳定化。

6.10　污泥的处置

6.10.1　卫生填埋

这里所说的污泥卫生填埋与目前采用的污泥在生活垃圾卫生填埋场填埋不是同一个概念，污泥卫生填埋一般指单独建设一个专门填埋处置污泥的填埋场地，这是一种较为成熟的污泥处置技术。污泥卫生填埋是把脱水污泥、干化污泥或焚烧后的残渣运到污泥卫生填埋场进行填埋处置的工艺。

卫生填埋法适宜于填埋场地容易选取、运输距离较近以及有覆盖土的地方。现在污泥处置方法中填埋所占的比例正逐渐减小。因为，污泥填埋存在一定的风险，污泥中可能含有的大量重金属会在土壤表层累积，不但对植物具有毒害作用，而且还会对地下水造成污染。污泥中同时还含有较多的病原菌，它们通过各种途径造成环境污染。污泥中也含有一些有毒有害的有机污染物，植物可经吸附作用对它们进行富集。此外，填埋法需要占用大量土地，加剧了土地资源的紧张局势，且处理不当可能造成土壤和地下水的污染。

6.10.2　土地利用

污泥的土地利用是指污泥经过处理后，使污泥中的营养成分又回用于土地的处置技术。污泥的土地利用处置方式常与堆肥、碱性稳定和干化等污泥处理工艺结合使用。

污泥的土地利用十分广泛，包括农田、林地、垦荒地育苗、观赏植物、草皮、草地公园、高速公路绿化带和高尔夫球场以及尾矿堆、采石场、露天煤矿的固定，固定海滩及用于恢复植被、建筑供游乐的海岛等。

污泥土地利用应符合国家及地方的标准和规定。污泥土地利用主要包括土地改良和园林绿化等。污泥用于园林绿化时，泥质应满足《城镇污水处理厂污泥处置　园林绿化用泥质》（CJ 248）的规定和有关标准要求。污泥必须首先进行稳定化和无害化处理。污泥用于盐碱地、沙化地和废弃矿场等土地改良时，泥质应符合《城镇污水处理厂污泥处置　土地改良泥质》（CJ/T 291）的规定；并应根据当地实际，进行环境影响评价，经有关主管部门批准后实施。污泥农用时，污泥必须进行稳定化和无害化处理，并达到《农用污泥中污染物控制标准》（GB 4284）等国家和地方现行的有关农用标准和规定。

6.10.2.1　农用

在国外，污泥及其堆肥作肥源农用，已有60多年的历史，城市污泥农用比例高的是荷兰（55%），其次是丹麦、法国和英国（45%），再次是美国（25%）。我国北京、上海、天津等地污泥农用也有二十几年的历史。把污泥或消化污泥作为有机肥施用易出现烧苗、死秧和虫害等现象，致使施用量受到限制。将污泥作为基质，与城市垃圾、通沟污泥等堆肥后作为城市绿化肥料或农用肥，或制成复合肥料用于农业。这样，污泥农用产生的影响就相对小些。

6.10.2.2　林地利用

林业对污泥的要求比其他农业施用要低一些，适用于长期进行林业生产的地区，并要求其土地保证不转为农田。污泥用于造林或成林施肥，不会威胁人类食物链，林地处理场所又远离人口密集区，所以较安全。

6.10.2.3 用于园林绿化

干污泥和污泥堆肥用于城市绿化及观赏性植物，既脱离食物链、减少运输费用、节约化肥，又可明显促进树木、花卉及草坪的生长，使树木的地径、根茎比等增加；使花卉的生长量明显增加，开花量增加，花色艳丽，花期延长；还可使草坪生物量增加，绿色期延长，但应控制施用量。用于树木及花卉，施用量以 30~90t/公顷为宜；对于草坪，施用量应以 30~120t/公顷为宜，否则可能导致草坪的过度生长。施用污泥可明显改善土壤理化性质。施用堆肥污泥对环境质量的影响很小，硝酸盐不会污染地下水，但重金属对植物可能造成危害。

6.10.3 作为建材利用

污泥作为建材利用是污泥资源化和无害化的一个发展方向。由于这种方法不需要占用土地，同时使污泥得到有效利用，做到了污泥处置的无害化，因此在我国有光明的发展前景。污泥作为建材是指利用污泥中的无机成分与建筑材料的成分相似的原理，通过添加合适比例的高岭土、粉煤灰等固化物质及必要的辅料，经过高温烧灼等无害化工艺制作成建筑材料而对污泥再次利用。

污泥中的无机物成分主要是硅、铝、铁、钙等，与建筑原料的成分相近，可制成的建材有生态水泥、轻质陶粒、微晶玻璃、生化纤维板和空心砖等。但这种利用方法在城市运用中有一定的局限性。首先在处理能力上，能够消纳的污泥量非常有限；其次，污泥制砖需要添加大量的黏土，黏土来源受到限制，且已被国家禁止；而且要对烧制过程中产生的有害废气（如臭气、粉尘等）进行烟气处理，同时由于其他原料和燃料的加入，会大大影响烟气处理的种类和数量，这对于一个生产建材制品的小工业生产厂来说，无疑是个本末倒置的巨大投入，而且其后的运营将严格按照环保要求进行，另外，采用污泥制砖后其产品用于民用还存在卫生安全许可等一系列问题，因此污泥制砖具有一定的投资、环境及卫生安全风险，不宜过早用于处理城市污泥。

6.11 污泥处理处置设施调试运营与维护

6.11.1 离心脱水机的日常运行管理与维护

6.11.1.1 日常维护管理

离心脱水机的日常维护管理包括以下内容。

① 运行中经常检查和观测的项目有油箱的油位、轴承的油流量、冷却水及油的温度、设备的震动情况、电流读数等，如有异常，立即停车检查。

② 离心机正常停车时，先停车进泥，继而注入热水或一些溶剂，继续运行 10min 以后再停车，并在转轴停转后再停止热水的注入，并关闭润滑油系统和冷却系统。当离心机再次启动时，应确保机内冲刷得干净彻底。

③ 离心机进泥中，一般不允许大于 0.5cm 的浮渣进入，也不允许 65 目以上的砂粒进入，因此应加强前级预处理系统对渣砂的去除。

④ 应定期检查离心机的磨损情况，及时更换磨损件。

（5）离心脱水效果受温度影响很大。北方地区冬季泥饼含固量一般可比夏季低 2%～3%，因此冬季应注意增加污泥投药量。

6.11.1.2　异常问题的分析与排除

（1）现象 1：分离液浑浊，固体回收率降低。其原因及控制对策如下：

① 液环层厚度太薄，应增大厚度。

② 进泥量太大，应降低进泥量。

③ 转速差太大，应降低转速差。

④ 入流固体超负荷，应降低进泥量。

⑤ 螺旋输送器磨损严重，应更换。

⑥ 转鼓转速太低，应增大转速。

（2）现象 2：泥饼含固量降低。其原因及控制对策如下：

① 转速差太大，应减小转速差。

② 液环层厚度太大，应降低其厚度。

③ 转鼓转速太低，应增大转速。

④ 进泥量太大，应减小进泥量。

⑤ 调质加药过量，应降低干污泥投药量。

（3）现象 3：转轴扭矩太大。其原因及控制对策如下：

① 进泥量太大，应降低进泥量。

② 入流固体量太大，应降低进泥量。

③ 转速差太小，应增大转速差。

④ 浮渣或砂进入离心机，造成缠绕或堵塞，应停车检修，予以清除。

⑤ 齿轮箱出故障，应及时加油保养。

（4）现象 4：离心机过度振动。其原因及控制对策如下：

① 润滑系统出故障，应检修并排除。

② 有浮渣进入机内，缠绕在螺旋上，造成转动失衡，应停车清理。

③ 机座松动，应及时修复。

（5）现象 5：能耗增加电流增加。其原因及控制对策如下：

① 如果能耗突然增加，有可能是离心机出泥口被堵塞，主要是转速差太小，导致固体在机内大量积累；可增大转速差，如仍增加能耗，则停车修理并清除。

② 如果能耗逐渐增加，也有可能是螺旋输送器被严重磨损，应予以更换。

6.11.2　带式脱水机的日常运行管理与维护

6.11.2.1　日常维护管理

带式压滤脱水机的日常维护主要包括以下内容：

① 注意时常观测滤带的损坏情况，并及时更换新滤带。滤带的使用寿命一般为 3000～10000h，如果滤带过早被损坏，应分析原因。滤带的损坏常表现为撕裂、腐蚀或老化。以下情况会导致滤带被损坏，应予以排除：滤带的材质或尺寸不合理；滤带的接缝不合理；锟压筒不整齐，张力不均匀，纠偏系统不灵敏。

由于冲洗力不均匀，污泥分布不均匀，使滤带受力不均匀。

② 每天应保证足够的滤布冲洗时间。脱水机停止工作后，必须立即冲洗滤带，不能过后冲洗。一般来说，处理 1000kg 的干污泥约需冲洗水 15～20m³，在冲洗期间，每米滤带的冲洗水量需 10m³/h 左右，每天应保证 6h 以上的冲洗时间，冲洗水压力一般应不低于 586kPa。另外，还应定期对脱水机周身及内部进行彻底清洗，以保证清洁，降低恶臭。

③ 按照脱水机的要求，定期进行机械检修维护，例如按时加润滑油、及时更换易损件等。

④ 脱水机房内的恶臭气体，除影响身体健康外，还腐蚀设备，因此脱水机易腐蚀部分应定期进行防腐处理。加强室内通风，增大换气次数，也能有效地降低腐蚀程度，如有条件，应对恶臭气体封闭收集，并进行处理。

⑤ 应定期分析滤液的水质。有时通过滤液水质的变化，能判断出脱水效果是否降低。

正常情况下，水质应在以下范围：SS 为 200～1000mg/L，BOD_5 为 200～800mg/L。如果水质恶化，则说明脱水效果降低，应分析原因。当脱水效果不佳时，滤液 SS 会达到每升数千毫克。

冲洗水的水质一般在以下范围：SS 为 1000～2000mg/L，BOD_5 为 100～500mg/L。如果水质太脏，说明冲洗次数和冲洗历时不够；如果水质高于上述范围，则说明冲洗水量过大，冲洗过频。

6.11.2.2　异常问题的分析及排除

(1) 现象 1：泥饼含固量下降。其原因及解决对策如下：

① 调质效果不好。一般是由于加药量不足。当进泥泥质发生变化、脱水性能下降时，应重新试验，确定出适合的干泥投药量。有时是由于配药浓度不适合，配药浓度过高，絮凝剂不易充分溶解，虽然药量足够，但调质效果不好，也有时是由于加药点位置不合理，导致絮凝时间太长或者太短。以上情况均应进行试验并加以调整。

② 带速太大。带速太大，泥饼变薄，导致含固量下降，应及时地降低带速。一般保证泥饼厚度为 5～10mm。

③ 滤带张力太小。此时不能保证足够的压榨力和切割力，使含固量降低。应适当增大张力。

④ 滤带堵塞。滤带堵塞后，不能将水分滤出，使含固量降低，应停止运行，冲洗滤带。

(2) 现象 2：固体回收率降低。其原因及控制对策如下：

带速太大，导致挤压区跑料，并使部分污泥压过滤带，随滤液流失，应减少张力。

(3) 现象 3：滤料打滑。其原因及控制对策如下：

① 进泥超负荷，应降低进泥量。

② 滤带张力太小，应增大张力。

③ 辊压筒局部损坏或过度磨损，应予以检查调整更换。

④ 纠偏装置不灵敏。应检查修复。

（4）现象4：滤带堵塞严重。其原因及控制对策如下：

① 每次冲洗不彻底，应增加冲洗时间或冲洗水压力。

② 滤带张力太大，应适当减小张力。

③ 加药过量。PAM加药过量，黏度增加，常堵塞滤布；另外，未充分溶解的PAM，也易堵塞滤带。

④ 进泥中含砂量太大，也易堵塞滤布，应加强污水预处理系统的运行控制。

6.12 【实训项目】板框压滤机污泥脱水综合实训

6.12.1 实训目的

① 了解城市生活污水处理厂常用污泥脱水设备，掌握板框压滤机结构、工作原理及操作方法；

② 研究确定污泥调理、脱水的最佳投药种类和投药量；

③ 观察污泥调理后的压滤效果。

6.12.2 实训原理

6.12.2.1 板框式污泥压滤机

压滤机将带有滤液通路的滤板和滤框平行交替排列，每组滤板和滤框中间夹有滤布，用压紧端把滤板和滤框压紧，使滤板与滤板之间构成一个压滤室。污泥从进料口流入，水通过滤板从滤液出口排出，泥饼堆积在框内滤布上，滤板和滤框松开后泥饼就很容易剥落下来。

当板框压滤机开始运行时，手动液压杆将位于压紧板和止推板之间的隔膜板、滤板及滤布压紧，使相邻板框之间构成滤室，周围密封，确保带有压力的滤浆在滤室内进行加压过滤。过滤开始时，滤浆在空压机的推动下进入滤室内，滤浆借助空压机的压力进行固液分离。

固体颗粒由于滤布的阻挡留在滤室内形成滤饼，滤液经滤布沿滤板上的排水孔排出。板框压滤机对滤饼进一步脱水采用压缩空气充填隔膜，由隔膜变形产生两维方向上的压力破坏颗粒间形成的拱桥，将残留在颗粒空隙间的滤液挤出，最大限度地降低滤饼的水分。

6.12.2.2 污泥调理及压滤原理

污泥中有机物含量高，造成污泥含水率高，脱水困难，必须经过调理后才能进行有效地脱水。加入药品以促进污泥脱水并提高排水性能。首先，选择不同的药剂对污泥进行调理以改善其脱水性能，然后将调理好的污泥用泵打入贮泥罐，再用空气压力将罐中的污泥输送到板框压滤机中进行固液分离。

影响污泥调理脱水的主要因素有污泥性质（含水率、有机物含量、pH、COD及悬浮物含量）、药剂种类（有机、无机等）及水力条件。通过实验选择最佳药剂种类和最佳投药量，考虑操作条件（调理时间、搅拌条件、进料时间、压力等）对脱水效果的影响。另外，还需对隔膜板框污泥脱水效果进行评价，常用方法有物料衡算、泥饼含水率、脱水效率、湿密度、固体损失率等。

6.12.3　仪器、试剂及其他耗材

药剂：聚丙烯酰胺、聚合氯化铝

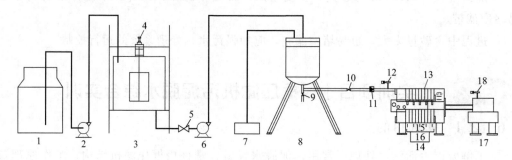

图 6-10　板框式污泥压滤系统

1—污泥；2—自吸泵；3—调理罐；4—搅拌电机；5—球阀；6—螺杆泵；7—空压机；
8—贮泥罐；9—放泥阀；10—进泥阀；11—流量计；12，18—压力表；13—隔膜板；
14—隔膜板框压滤机；15—接水槽；16—电子台秤；17—压紧装置

6.12.4　实训内容及操作步骤

隔膜板框污泥脱水过程分为准备工作、操作过程、注意事项、日常维护等部分。

（1）操作前的准备工作

① 在确保对操作过程熟悉的前提下进行此操作。

② 检查阀门及管路是否正常，滤布是否保持清洁。检查各连接零件有无松动，应随时予以调整紧固。

③ 根据实验需要，选用合适数量的隔膜板，但所有板框不得少于 13 块，禁止在板框少于规定数量的情况下开机工作。

④ 板框按次序排列，各板框孔应相对同心。安装平整，无异物，密封面接触良好。

⑤ 压紧板框，液压站的最高工作压力不得超过 25MPa。

⑥ 根据实验需要，准备器具并记录相应数据（时间-滤液量、pH、COD、剩余污泥量、泥饼含水率、泥饼厚度及总质量等）。

（2）操作过程

① 关闭调理罐出泥阀，将适量污泥（一次进泥应少于 40L）泵入调理罐。

② 接通搅拌器电源，按照最佳药剂配方及操作条件，在一定的时间和搅拌转速下（＜300r/min）完成调理过程。

③ 打开调理罐出泥阀门，用扳手钳转动螺杆泵联轴器后，将料液注满泵腔，全开螺杆泵出泥管阀门。

④ 打开贮泥罐上进气阀门（必须连通气管），关闭贮泥罐下出泥阀门和连接板框的进

泥阀。

⑤ 打开螺杆泵电动机，进料25L左右，停机，以免引起喷泥现象。

⑥ 打开板框进泥阀，关闭螺杆泵出泥管阀门，将空压机气管与贮泥罐进气阀连通。

⑦ 打开空压机，缓慢开启空压机出气阀，以免压力过大引起滤液浑浊现象。根据出液情况，调整贮泥罐压力（<0.8MPa），当料液滤完或框中滤渣已满不能再继续过滤，即为一次压滤结束。排空贮泥罐气体。

⑧ 接通隔膜板进气管，进行隔膜压滤（<1.2MPa），当无滤液流出，即为隔膜压滤结束。

⑨ 卸下隔膜板进气管，排空气体。卸料，清洗。

（3）操作注意事项

① 安装压滤布必须平整，不许折叠，以防压紧时损坏板框及泄漏。

② 液压站的最高工作压力不得超过25MPa。

③ 过滤压力应阶梯加压，以免引起滤液浑浊。因滤布有毛细现象，有少量滤液渗出，属正常现象，可由托盘接贮。

④ 过滤最大压力必须小于0.8MPa，隔膜压力必须小于1.2MPa，以防引起渗漏和板框变形、撕裂等。

⑤ 板框在主梁上移动时，不得碰撞、摔打，施力应均衡，防止损坏密封面。

⑥ 卸饼后清洗板框及滤布时，应保证孔道畅通，不允许残渣粘贴在密封面或进料通道内。

（4）日常的维护保养

① 注意各部连接零件有无松动，应随时予以紧固。

② 压紧轴或压紧螺杆应保持良好的润滑，禁止有异物。

③ 拆下的板框，存放时应码放平整，防止挠曲变形。

6.12.5 数据记录与整理

（1）含水率（P）的测定

① 将蒸发皿放入烘箱105℃烘2h，取出后在干燥器中冷却，称重（W_1）。

② 用天平称污泥20g置于蒸发皿中，放入烘箱105℃烘至恒重。

③ 污泥取出后在干燥器中冷却，称重（W_2）。

$$P=[20-(W_2-W_1)]\times100\%/20$$

（2）污泥有机物的测定

① 将污泥和坩埚在105℃烘干至恒重，污泥烘干后以质量大于4g为宜。坩埚称重（G_1）。

② 取1.5～2.0g烘干的污泥（温度50℃以上）放入坩埚中，称重（G_2）。

③ 将装有干污泥的坩埚放入（550±50）℃的马弗炉中灼烧1～2h，关掉电源，待炉内温度降至300℃，逐个取出后，降至70℃左右称重（G_3）。

$$污泥有机物含量=100\%-(G_3-G_1)/(G_2-G_1)\times100\%$$

注：G_3-G_1即为污泥中无机质含量，G_2-G_1为放入坩埚的污泥质量。

6.12.6　思考题

① 根据实验结果及实验中所观察到的现象，简述影响污泥脱水的几个主要因素。

② 药剂投加量与污泥脱水效果存在什么样的关系？为什么？

附表1

隔膜板框脱水实验记录表与核算表					
实验者：			污泥批次：		
实验日期：			实验组号：		

调理操作条件

污泥量/L					
投加顺序	1	2	3	4	5
药剂种类					
投加量/g					
搅拌速率/(r/min)					
搅拌时间/min					

滤液-时间（压力）关系

时间/min	滤液质量/kg	备注（压力、pH）	时间/min	滤液质量/kg	备注（压力、pH）
隔膜压滤时间	滤液量				

泥饼含水率

取样编号	盒质量/g	（盒＋湿泥）质量/g	（盒＋干泥）质量/g	含水率/%	平均含水率
①					
②					
③					

泥饼湿密度

取样编号	取样直径/mm	厚度/mm	质量/g	密度/(g/cm³)	平均密度/(g/cm³)

物料恒算记录表一

记录项目	容器质量/kg	（容器＋物）质量/kg	净质量/kg
滤液			
泥饼			
剩余污泥			

物料恒算记录表二

记录项目	污泥	药剂 1	药剂 2	药剂 3	药剂 4
含水率/%					
加入量/g					
剩余污泥/g					
实际脱水物/g					
原料水量/g					
滤液量/g					
理论损失水量/g					

总物料核算		水量核算	
固液总质量/g		实际脱水物水量/g	
剩余污泥/g		滤液量/g	
滤液量/g		泥饼含水量/g	
泥饼/g		理论损失水量/g	
理论损失量/g		脱水效率/%	
固体损失率/%			

注：可根据实验需要，增加相关记录项目。

6.13 【工程实例】某城镇污水处理厂污泥处理工程

6.13.1 项目概况

本项目为广州某城镇污水处理厂污泥处理工程，设计处理能力为 $15 \times 10^4 \mathrm{m}^3/\mathrm{d}$，采用改良 A^2/O 工艺，尾水排放执行《城镇污水处理厂污染物排放标准》（GB 18918—2002）一级 A 标准。污泥采用"浓缩-离心机脱水"工艺进行脱水处理，脱水后的污泥含水率约 80%，污泥量 54t/d。

根据国家及地方最新环保要求，污泥处理处置要实现污泥的减量化、稳定化和无害化，鼓励资源化。明显地，该厂的污泥处理方法并不符合要求，需要进行升级改造。

6.13.2 污泥性质分析及设计泥质指标

（1）污泥性质分析

首先对污泥性质进行分析，发现污泥含水率较高；寄生虫卵、病原微生物等致病物质超标；普遍存在铜、锌、铬等重金属超标现象；含有多氯联苯等难降解有机物。

（2）设计进出泥泥质指标

泥质指标见表 6-1。

表 6-1 主要设计进出泥泥质指标

项目	含水率	pH
进泥指标	94%～97%	6～9
出泥指标	<40%	5～10

6.13.3 工艺流程选择及效果分析

（1）工艺流程选择

针对上述特点，项目采用"浓缩＋深度机械脱水＋热干化"的工艺路线。见图 6-11。

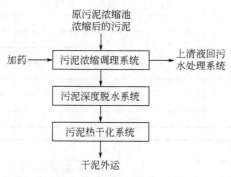

图 6-11　污泥处理工艺流程

（2）工艺效果分析

各阶段工艺处理效果见表 6-2。

表 6-2　各阶段工艺处理效果

工艺	浓缩	深度机械脱水	热干化
含水率/%	99.3～97	97～60	60～40

6.13.4　主要工艺设计

项目工艺系统主要包括：污泥调理浓缩系统；板框压滤脱水系统；污泥干化系统；车间除臭系统。

6.13.4.1　污泥调理浓缩系统

系统先对含水率 97% 的污泥进行减量调质，在较短时间内将悬浮的污泥细颗粒凝聚成粗大松软的絮团状的污泥，并对其进行强制重力浓缩，排出上清液后浓缩污泥的含水率进一步降低。再对污泥颗粒进行杀菌改性调质，将絮团状的污泥分散成细小的易于过滤的污泥颗粒，释放出污泥内部更多的水，同时起到杀菌的作用。

主要设备包括污泥浓缩调理罐（配套搅拌机）和加药装置（包括加药罐及搅拌机、计量泵）。

6.13.4.2　板框压滤脱水系统

系统对污泥进行深度机械脱水，污泥浓缩罐内污泥通过深度机械脱水后含水率约 60%以下。

主要设备包括隔膜板框压滤机、低压进泥泵、高压进泥泵、压榨水罐、压榨泵。见图 6-12。

6.13.4.3　污泥干化系统

热干化系统主要包括进料储存输送设备、污泥干化机、热源供给设备、尾气处理和净化设备。隔膜板框压滤机出来的含水率约 60% 的污泥泥饼通过进料储存输送设备暂存并按量精确输送给污泥干化机。污泥干化机是污泥实现干化的主要场所，由热源供给设备送来的低

图 6-12　板框压滤机

温热风在其中与污泥直接接触，带走污泥的水分，实现干化。污泥水分的去除要经历两个过程：一是蒸发过程，由于污泥表面的水蒸气压高于低温热风的水蒸气分压，水分从污泥表面移入热风中；二是扩散过程，当污泥表面水分被蒸发掉，造成污泥表面的湿度低于污泥内部湿度时，需要热量的推动力将水分从内部移到表面；这两个过程的持续、交替进行，逐渐把污泥的水分转移到热风中，实现污泥干化。由污泥干化机出来的低温热风经尾气处理和净化设备处理后，达到《城镇污水处理厂污染物排放标准》二级标准，对周边环境无影响。深度脱水后的污泥见图 6-13。

图 6-13　深度脱水后的污泥

由于尾气中携带大量细小的污泥颗粒，因此需进行除尘处理。经过除尘的尾气温度高于常温，应进行回收利用。

6.13.4.4　车间除臭系统

车间除臭系统主要去除污泥脱水车间内污泥浓缩罐、深度脱水系统、污泥仓产生的恶臭气体。以上设施无组织散发的恶臭气体主要成分为 H_2S、NH_3 等，其污染程度主要受水温、pH 值、设施设计参数等多因素影响。

臭气处理系统工艺流程见图 6-14。

图 6-14　臭气处理系统工艺流程

车间除臭系统又分为臭气收集系统和臭气处理系统两个子系统。

臭气收集系统主要由风管、阀门、集气罩、风机组成。臭气收集区域主要为板框压滤机区域、污泥浓缩罐内。

臭气处理系统核心设备为一体化生物滤池，生物滤池采用模块组合式设计，壳体采用有机玻璃钢材料。生物滤池的尺寸按除臭处理系统的要求配置。生物滤池内含预洗池，池壁采用有机玻璃钢材料，预洗池位于生物滤池的前端，侧面带有观察窗，便于观察和检修。预洗池中装填有填料，用水采用污水处理厂中水进行循环。

6.13.5 项目实施效果

① 占地少。项目设计流程紧凑，无中间储存环节，占地面积仅为 $1000m^2$。

② 成本低。项目通过较低的能耗强化去除污泥中的间隙水、吸附水、结合水和部分细胞水，仅剩部分的细胞水通过热能去除，从而实现低成本的污泥处理，处理费用约 1500 元 /tDS。

③ 投资少。项目主体采用稳定成熟的国产化设备，总体投资远远少于进口设备和同类的国内设备，项目总投资约 4000 万元。

④ 处理效果好。通过实际运行，污泥处理后含水率低，处置后的成品污泥含水率为 30%～40%。

⑤ 减量化效果显著。与含水率约 80% 的脱水污泥相比，质量减少在 50% 以上，大大节省了后续的运输成本和处置成本。

⑥ 技术符合泥质特点。污泥的泥质特点有明显的地域性，如北方地区的污泥含沙量往往比南方地区大，南方地区的污泥有机质含量比北方地区高。项目选用低温干化，既能有效去除污泥中的有机物，又能进一步降低污泥含水率。

⑦ 有效二次污染控制。设备的减量化工序、无害化工序均在常温下进行；稳定化工序的工作温度不高，有效避免了污泥的热裂解。外排的上清液、滤液和废水均回流至污水处理厂进行净化处理，无污水外排。热干化后的尾气经过处理和热回收，实现达标排放。严格按照国家相关环保政策要求进行生产和管理，水、气、声等各项环境指标均达到相关标准要求，实现全过程的清洁生产。

⑧ 泥质易于后续综合利用。处理后的污泥性质稳定，不返臭、不吸水，可用于建材利用、卫生填埋等途径。

6.14 【拓展提高】

6.14.1 污泥除臭的必要性

污泥处置在生产过程中将不可避免地产生一些有害臭气，如硫化氢、氨气等，臭气的扩散将对周边环境产生一定程度的不良影响，使人产生不愉快的感觉并有害于人体健康，尤其容易诱发一些呼吸道疾病。因此，污水处理厂需要考虑除恶臭措施。

6.14.2 臭气的性质和特点

污泥臭气主要来源于污泥调质系统、污泥脱水系统，主要成分有氨气、硫化氢等（表

6-3)。

① 污泥在经过污泥调质以及污泥深度脱水时，由于机械扰动、污泥压榨，大量臭气从污水中逸出，容易产生大量的无机硫化物、有机硫化物和氨等致臭气体。

② 污泥浓缩罐、深度脱水系统、污泥仓均设在污泥脱水车间内，以上设施无组织散发的恶臭气体主要成分为 H_2S、NH_3 等，其污染程度主要受水温、pH、设施设计参数等多因素影响。

表 6-3　主要臭气成分

化合物	典型化学式	特 性
氨	NH_3	氨 味
硫化氢	H_2S	臭鸡蛋味

6.14.3　臭气治理标准及处理量

臭气的排放标准值按《城镇污水处理厂污染物排放标准》（GB 18918—2002）的规定，见表 6-4。

表 6-4　厂界（防护带边缘）废气排放最高允许浓度　　　单位：mg/m³

序号	控制项目	一级标准	二级标准	三级标准
1	氨	1.0	1.5	4.0
2	硫化氢	0.03	0.06	0.32
3	臭氧浓度(无量纲)	10	20	60
4	甲烷	0.5	1	1

根据《室外排水设计规范（2016 年版）》（GB 50014—2006）规定，污泥脱水间换气次数不应小于 6 次。因此，臭气处理量为除臭空间×换气频次。

6.14.4　除臭方法介绍

污水处理厂常见的除臭方法有水洗法、化学法、焚烧法、活性炭吸附法、臭氧氧化法、生物除臭法等。

（1）水洗法

水洗是利用臭气中的某些物质能溶于水的特性，使臭气中的氨气、硫化氢等气体和水接触、溶解，达到脱臭的目的。该方法的除臭效率较低。

（2）化学法

化学除臭法是利用臭气中的某些物质和药液产生中和反应的特性，如利用呈碱性的苛性钠和次氯酸钠溶液，去除臭气中的硫化氢等酸性物质；利用盐酸等酸性溶液，去除臭气中的氨气等碱性物质。化学除臭法必须配备较多的附属设施，如药液储存装置、药液运输装置、投加装置、排出装置等，运行管理较为复杂，运行费用较高，与药液不反应的臭气较难去除，效率较低。

（3）焚烧法

焚烧法有直接燃烧法和催化剂燃烧法。直接燃烧法是把焚化炉内含有臭气的恶臭物质和焚化炉内的火焰混合，并用 800℃ 燃烧，进行分解的方法。催化剂燃烧法是热交换器把恶臭物质加热到 350℃ 左右，加入含铂金、钯等催化剂的焚化炉作低温燃烧的分解方式，燃料费较直接燃烧法少。本方法对高浓度臭气是有效的除臭方法，但存在不足，如：不能完全氧化，反而会令臭气更加强烈；对含硫化氢较多的臭气，可能会变成亚硫酸气体造成二次污染；处理较大风量的臭气时，燃料运行费用很高。

（4）活性炭吸附法

活性炭吸附法是利用活性炭能吸附臭气中致臭物质的特点，达到除臭的目的。为了有效地除臭，通常不同的环境使用不同性质的活性炭。在吸附塔内设置吸附酸性物质、碱性物质和中性物质的不同活性炭，臭气与各种活性炭接触达到去除臭气的目的。活性炭吸附法有较高的处理效率，但活性炭吸附到一定量时会达到饱和，就必须再生或更换活性炭，因此运行成本较高。这种方法常用于低浓度臭气、脱臭的后处理、周围环境对除臭要求非常高和除臭气量少的情况。

（5）臭氧氧化法

臭氧氧化法是利用臭氧作为强氧化剂分解恶臭物质及利用臭氧和恶臭成分起中和作用的一种除臭方法。臭氧氧化法有气相和液相之分，由于臭氧发生器的化学反应较慢，一般先通过其他方法（如药液喷雾洗净法）去除大部分致臭物质，然后再进行臭氧氧化。该方法成本偏高，运行管理复杂。

臭氧对臭味物质氧化分解的反应式如下：

$$R_3N + O_3 \longrightarrow R_3N—O + O_2$$

$$H_2S + O_3 \longrightarrow S + H_2O + O_2（主反应）\longrightarrow SO_2 + H_2O（副反应）$$

$$CH_3SH + O_3 \longrightarrow [CH_3—S—S—CH_3] \longrightarrow CH_3—SO_3H + O_2$$

（6）生物除臭法

生物除臭法是在适宜的条件下，利用微生物的生理代谢将有臭味的物质加以氧化分解，从而达到除臭的目的。微生物一方面以废气中的污染物为养料，进行生长繁殖；另一方面将废气中的有毒、有害恶臭物质分解，降解成无毒无害的 CO_2、H_2O、H_2SO_4、HNO_3 等简单无机物。具有建设成本低、运营费用低、环境友好等特点。

综上所述，水洗法效率低；化学法所需药剂费用较高；焚烧法能耗高；活性炭法适用于低浓度臭气处理；臭氧法效果好、适用性广，但价格高昂。

生物除臭法处理效果好，二次污染及所需设备相对较少，能耗及维护费用相对较低，是城镇污水处理厂普遍采用的除臭方法。该法对反应过程中的温度、湿度要求较高，不同的气体需要不同的反应菌，而且反应需要水，需配置水泵、仪表等附属设备。

6.14.5　生物滤池除臭工艺流程、原理及操作

（1）生物滤池除臭工艺流程

臭气经各臭气收集系统有效收集后，采用一台离心式风机抽风，臭气由导入口先平流进入洗涤区，在洗涤区，完成对臭气的吸收、除尘及加湿的预处理，然后再进入生物滤池过滤区，通过过滤层时，污染物从气相中转移到生物膜表面；恶臭气体在喷洒水的作用下与湿润状态的生物填料上的水膜接触并溶解；进入生物膜的恶臭成分在生物填料中微生物的吸收分解下被清除。

生物滤池生物除臭法工艺流程图及结构图分别见图 6-15、图 6-16。

（2）生物除臭原理

微生物把吸收的恶臭成分作为能量来源，用于进一步的繁殖。微生物分解恶臭成分时的反应如下。

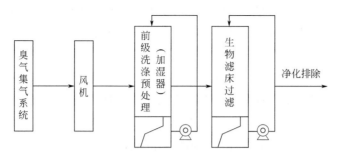

图 6-15　生物滤池生物除臭法工艺流程图

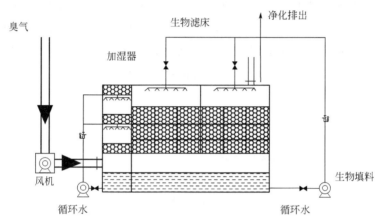

图 6-16　生物滤池生物除臭法结构图

硫化氢：　　　　　　　　　　$H_2S + 2O_2 \longrightarrow H_2SO_4$

甲基化硫：　　　　　　$(CH_3)_2S + 5O_2 \longrightarrow H_2SO_4 + 2CO_2 + 2H_2O$

二甲二硫：　　　　$2(CH_3)_2S_2 + 13O_2 \longrightarrow 4H_2SO_4 + 4CO_2 + 2H_2O$

氨：　　　　　　　　　　$NH_3 + 2O_2 \longrightarrow NHO_3 + H_2O$

三甲胺：　　　　　$2(CH_3)_3N + 13O_2 \longrightarrow 2HNO_3 + 6CO_2 + 8H_2O$

生物滤池生物除臭特征如下。

① 适用范围广，从低浓度到高浓度的臭气都可处理。

② 因臭气成分的不同，相应微生物能自然增长，所以维护管理十分容易，运转费用也比较低，但能达到高的除臭效果。

③ 能把装置小型化，占地面积小。

④ 由于利用了微生物的代谢机能，因此需要预备一段培养时间让其发挥功用（1～2 个月左右）。

⑤ 氧化物的排出，用连续的或间歇的洒水来补充水分都是必要的。

（3）生物滤池除臭操作

臭气处理系统核心设备为生物滤池，池内壁防腐。生物滤池内含预洗池，预洗池位于生物滤池的前端，预洗池中装填有填料，采用污水处理厂中水进行循环。

　　预洗池作为一个有效的缓冲器，可降低高浓度污染负荷的峰值。预洗池的作用是把恶臭气体中大颗粒的灰尘洗掉，同时通过喷淋将恶臭气体中可溶解于水的成分去除，并将恶臭气体加湿。

　　预洗池内含加湿器，配有循环喷淋系统和循环水泵，循环喷淋系统包括所有循环管道、喷嘴、接头、支撑件等。加湿器主要用于去除气体中固体污染物、调节空气的湿度和温度。预洗池作为一个有效的缓冲器，可降低高浓度污染负荷的峰值。

　　经过预净化并调节了湿度的空气进入到生物滤池，滤池中的微生物把致臭污染物降解成无臭的化合物。气体先进入位于生物滤池底部的布气系统，然后缓慢地通过活性生物滤池，水溶液中的恶臭成分被微生物吸附、吸收，恶臭成分从水中转移至微生物体内。进入微生物细胞中的有机物在各种细胞内酶的催化作用下，被微生物氧化分解，同时微生物进行合成代谢产生新的微生物细胞。一部分有机物通过氧化分解最终转化为 H_2O、CO_2 等稳定的无机物。净化后的空气以扩散气流的形式离开滤床表面，进入到大气中。

试题练习

1. 城镇污水处理厂污泥的主要成分是（　　　）。

A. 无机物　　　　　　　　　　　B. 简单有机物

C. 有机物　　　　　　　　　　　D. 砂粒

2. 污泥调理的目的是（　　　）。

A. 使污泥中的有机物质稳定化　　B. 改善污泥的脱水性能

C. 减小污泥的体积　　　　　　　D. 从污泥中回收有用物质

3. 离心脱水机去除的是污泥中的（　　　）。

A. 表层　　　　　　　　　　　　B. 毛细水

C. 表面吸附水　　　　　　　　　D. 内部水

4. 脱水是将污泥的含水率降低到（　　　）以下的操作。

A. 95%～96%　　　　　　　　　B. 80%～85%

C. 50%～65%　　　　　　　　　D. 10%

5. 污泥处理阶段中的脱水处理方法一般分为（　　　）。

A. 机械脱水　　　　　　　　　　B. 干化场脱水

C. 包含 A 和 B　　　　　　　　　D. 不包含 A 和 B

6. 污泥脱水前调理的目的是（　　　）。

A. 使污泥中的有机物稳定化　　　B. 改善污泥的脱水性能

C. 减小污泥的体积　　　　　　　D. 从污泥中回收有用物质

7. 污泥浓缩去除的是（　　　）。

A. 吸附水　　　　B. 毛细水　　　　C. 孔隙水　　　　D. 结合水

8. 目前我国典型的污泥处理工艺流程是（　　　）。

A. 污泥—污泥消化—污泥脱水—污泥处置

B. 污泥—污泥浓缩—污泥干燥—污泥处置

C. 污泥—污泥浓缩—污泥脱水—污泥处置

D. 污泥—污泥浓缩—污泥焚烧—污泥处置

9. 某处理厂污泥浓缩池，当控制固体负荷为50kg/（m³·d）时，得到如下浓缩效果：入流污泥量 $Q_i = 500 \text{m}^3/\text{d}$；入流污泥的含水率为98%；排泥量 $Q_u = 200 \text{m}^3/\text{d}$；排泥的含水率为95.5%；试评价浓缩效果，并计算分离率。

项目七　黑臭水体治理技术

学习目标

本项目将主要介绍黑臭水体致黑致臭的原因，黑臭河涌治理方法及河涌治理新技术展望。通过本项目的学习达到如下学习目标：

1. 了解黑臭水体致黑致臭原因，引起水体致黑致臭的污染物质；
2. 掌握黑臭河涌治理方法，如截污、底泥疏浚、引水、生态修复等；
3. 掌握生态修复黑臭水体的手段及方法。

本项目需要学生掌握黑臭河涌引起的原因及治理方法。

任务分析

本项目主要针对水体致黑、致臭的原因及黑臭水体治理方法展开讨论，学习者先通过相关知识了解黑臭水体治理方法，包括截污、底泥疏浚等，再通过工程案例掌握湖泊水体生态修复工程处理方法及工艺流程等。

2015 年发布的《水污染防治行动计划》中对黑臭水体问题提出明确要求，到 2020 年，我国地级及以上城市建成区黑臭水体均控制在 10% 以内，直辖市、省会城市和计划单列市建成区要于 2017 年年底前基本消除黑臭水体；到 2030 年，城市建成区黑臭水体总体要得到消除。然而，底泥中淤积了大量的耗氧性物质、氮磷营养物、有机污染物和重金属污染物，要从根本上改善河水水质，不仅要切断外部污染源，还要解决水体底泥的内部污染问题。

城市河道被污染后会导致水体出现黑臭现象，一方面破坏了河流的生态环境，损害了城市景观。由于过量的污染物排入水体，水中微生物消耗大量溶解氧分解有机物，致使水体缺氧，水中的鱼类等生物无法正常生长而死亡，使河流水生态遭到严重破坏。另一方面也会影响周边居民的生活，危害健康。

7.1　水体致黑原因

水体中的硫化铁和硫化锰是主要致黑成分，硫化铁和硫化锰被水体中的腐殖酸及富里酸经过吸附络合形成悬浮性颗粒物，这些悬浮颗粒与水体变黑有直接关系。水体缺氧时，在厌氧微生物的生化作用下，生成致黑物质硫化铁和硫化锰。

水体中的硫主要是以无机硫和有机硫两种形态存在，无机硫包括单质硫、硫酸盐、硫化合物，有机硫包括碳键硫、脂硫等。当外源性的有机硫及硫酸盐排入水体后，一部分有机硫化合物被微生物分解成简单的无机硫化合物，如硫化氢等，过量的硫化物进入底泥中。在缺氧的状态下，水体和底泥中的硫酸盐还原菌将硫酸盐还原，产生大量的硫化氢。水体中还原产生的大量硫离子与铁离子、锰离子结合形成金属硫化物。另外，排入河流中的污染物中含有能溶于水且带颜色的物质，通过累加作用，也会加重水体变黑的程度。

7.2　水体致臭原因

黑臭水体产生臭味的途径以及产生的恶臭物质很多，其中含硫化合物是主要的致臭物质。《国家恶臭污染控制标准》中规定的八大恶臭物质硫化氢、甲硫醇、甲硫醚、二硫化碳、二甲基二硫醚、氨、三甲胺、苯乙烯，其中含硫化合物占了五种，也显示出挥发性硫化物对水体恶臭有显著影响。一般来说，水体中恶臭物质形成的过程主要有两方面。

① 河流水体在严重污染时，水中溶解氧含量降低，厌氧微生物优势生长后降解有机污染物，在代谢过程中会产生大量易挥发的恶臭物质，如甲烷、硫化氢、氨等。在厌氧环境中，硫酸盐还原菌可利用水体中的大量的有机污染物作为电子供体，还原硫酸盐生成硫化氢，同时，有机污染物被分解产生甲烷、氨等臭味物质。

② 厌氧环境中，水解型厌氧菌先将大分子有机污染物水解成小分子有机物，硫酸盐还原菌利用这些小分子有机物降解含硫有机污染物，在硫酸盐还原菌及其他厌氧菌的共同作用下，含硫有机物被分解，产生的主要的致臭物质——挥发性有机硫化合物包括甲硫醇、甲硫醚、二甲基二硫醚、羰基硫等。

7.3　黑臭河涌治理方法

黑臭河涌见图 7-1。

图 7-1　黑臭河涌

7.3.1　截污

黑臭水体整治方法遵循"截污-治水-生态恢复"的总体思路，其中，控源截污是黑臭水体治理最有效的工程措施，也是其他技术措施的前提。然而，现实中很多截污纳管设施的设置不合理、城市排水管网建设标准高低不一、管网错接或混接、运行维护不到位等一系列问题，都使得"控源截污"这一黑臭水体治理核心措施不能发挥其高效作用。由此可见，当务之急是先解决控源截污的问题，阻止污水未经处理直接进入河道，减缓治污压力。

城市给排水的截污体系包括分流式截污排水体系与截流式截污合流系统两种。

（1）分流式截污排水体系

从两套或是两套以上分别独立存在的沟道内将雨水及污水各自截污排除，称为分流式截污排水体系。而污水截流排水体系就是把生活污水、城市污水和工业废水等有效排除的系统，雨水截流排水体系则是将雨水完全排除的系统。按照各不相同的雨水排除方法，分流式截污排水体系可合理划分为半分流截污排水体系、完全分流截污排水体系和不完全分流截污排水体系。

（2）截流式截污合流系统

在一套相同的沟道内将雨水、工业废水与生活污水等相结合统一截流排除，称为截流式截污合流系统。过去老城区均采用传统排水体系实施排水，该体系仅是把各类污水结合在一起，并未做相应的处理与运用，就直接将这些污水排入水体，严重污染了水体。

对老旧城区，多采用截流式合流制的方式，应沿河岸或湖岸布置溢流控制装置，利用原有合流管并沿河道两侧敷设污水截流管的形式收集污水，这种排水体制在各地老城区截流污水的具体实施中取得了一定的成效，既减少了在城市道路上敷设污水管对道路交通的影响，又节约了大量投资，解决了初期雨水的污染问题，在一定时期内和一些地区不失为一种污水收集形式。

截至 2017 年 5 月，城市黑臭河涌仍有 2100 条。以广州为例，广州治水走过了漫长的一段时间，早期通过直接从污染的河涌拦截抽水实现截污，到后期大规模建设截污管网和污水管网，实现雨污分流。2000 年以来，广州建设的污水管网总计 4500km，使广州污水处理率提高到 95％以上，但与国内普遍情况相似的是，广州河涌水质仍没有得到显著的改善。这一现象说明污水处理率的大幅提高并没有从根本上解决黑臭河道治理工作在截污方面的短板，且并非某一城市的问题，而是普遍性问题。

控源截污是城市黑臭水体整治的核心和前提。深圳等地雨污分流工程的经验表明，因排水管网管理水平不高等原因造成雨污混接现象严重。沙河涌截污工程竣工后，未定期进行维护与清疏，而沿线截流式污水管的生活垃圾及合流管的泥沙甚多，管道淤积严重，特别是部分倒虹管、过河管道几乎全管淤积，导致过水断面大大减少，降低了污水输送能力。截污渠、截污管分别见图 7-2、图 7-3。

7.3.2　底泥疏浚

河涌由于长期污染且水流缓慢，导致积累大量淤泥。为防止底泥泛起，沉积的污染物质被释放出来而使水体变质、泛臭，需要进行必要的清淤工作。底泥疏浚是指用人力或机械的方式（图 7-4）把含有污染物质的表层沉积物进行适当清除，以减少底泥内源负荷和污染风险的方法。

疏挖深度确定和疏挖形式的选取是底泥生态疏浚技术的核心内容。目前国外环保疏浚工程普遍采用 RTK GPS 定位技术，平面定位精度达到厘米级，挖深精度控制在 5～10cm。2003 年我国最大的水下清淤工程——天津海河河道综合开发河道清淤工程启动。2007 年底，上海市苏州河环境综合整治三期工程启动，苏州河市区段底泥疏浚工程也随之上马。

底泥疏浚技术能否从根本上使水环境得到改善仍存在很大争议，底泥疏浚一方面是耗资

图 7-2　截污渠

图 7-3　截污管

图 7-4　底泥疏浚设备

巨大且可以估量的工程项目，另一方面工程的环境后效却有可能存在不确定性，所以用于环境改善目标的疏浚作业是否符合投入产出的原则尚需要在疏浚工程实施前，对相关疏浚工程的后效进行认真的分析，对疏浚工程可能会带来的环境效应进行深入的研究。国内有些河道的疏浚效果不明显，除了疏浚条件不成熟外，以工程疏浚来代替生态疏浚也是一个很重要的原因。我国底泥疏浚设备研制落后，多采用常规疏浚设备，垂直精度只能控制在 20cm 之内，与发达国家存在着较大的差距。

7.3.3 引水工程

引水释污法是通过稀释污染物和水的动力强化进行清污，见效快。但引水工程局限性也很大：一是要有临近的水源；二是容易引发下游的污染；三是长期使用需消耗大量的能源。如果结合海绵城市的"蓄、净、用"功能，就地引雨水池蓄水释污，提高水的含氧量，还是可以规避上述局限性。

7.3.4 生态修复

河涌生态修复处理技术主要包括人工浮岛和水生植物处理系统等。人工浮岛是以水生植物群落为主体，利用物种间共生关系、水体空间生态位和营养生态位的原则，建立高效的人工生态系统，以削减水体中的污染负荷。该技术把水生植物或改良驯化的陆生植物移栽到水面浮岛上，植物通过根系吸收水体中的氮、磷等污染物质，从而达到净化水质的目的。人工浮岛技术能有效净化富营养化水体，改善景观，是今后污染河道修复的重点发展方向。广州均和涌生态恢复工程技术路线定位以强氧化曝气、浮岛式复合生物滤床、岸基垂直流人工湿地等为主，结合底泥生物氧化、水体微生物修复、生态恢复等技术手段，使均和涌水体由乳白色乃至黑臭变为洁净好氧状态，透明度达到 30cm 以上。

水生植物处理系统是指利用河岸永久性植被拦截污染物或有害物质，包括缓冲湿地、草地和林带。植被缓冲带不仅可用于城镇河道，也可用于农村沟渠，是保护水质和恢复环境、改善环境的有效方法。刘钰淼结合广州市河涌特性，分别提出适宜广州北部山溪性河涌、南部平原网河性河涌及城市密集区河涌的土工网垫植被复合型护坡、水生植物护岸、景观净污型混凝土组合砌块护岸等多种生态修复技术方法。实践证明所采用的生态修复技术是可行的，不仅能保证岸坡稳定和满足防洪排涝要求，同时对河涌景观和生态恢复也起到了良好的效果。见图 7-5～图 7-7。

图 7-5　种植挺水植物

图 7-6　种植沉水植物

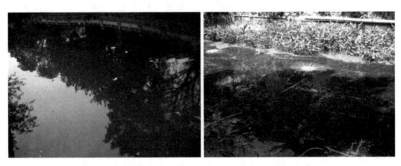

图 7-7　修复前后效果对比

7.3.5　曝气充氧技术

曝气充氧技术是指在适当位置向河道水体进行人工曝气充氧，增强河道自净能力，消除黑臭现象。东莞市石排镇中心河涌的曝气复氧工程实验研究和连续运行结果表明，纯氧曝气能够大幅度提高河流溶解氧至 20mg/L 以上，水体色度可以降低至 20 倍以下，臭阈值稳定在 5 以下，达到一般景观水体对色度和臭味的标准。见图 7-8、图 7-9。

图 7-8　曝气设备

图 7-9　河涌曝气充氧

7.3.6　化学及生物技术

化学处理方法及生物修复是一种原位治理技术，近年来已成为城市黑臭河道污染治理领域的研究焦点，治理河涌所投加的化学、生物药剂情况见表 7-1。

表 7-1　国内外河涌治理药剂投加情况

序号	药剂类型	投加剂	作用	效果
1	化学絮凝剂	含铝或含铁的无机絮凝剂、高分子絮凝剂	靠絮凝、混凝作用去除污染物，使水华生物发生混凝反应而沉淀去除	见效速度快，而且对水体污染物有明显的净化去除效果，但处理成本较大，且处理效果容易恢复原样，铁盐、铝盐的投加对水体色度及生物活性可以产生影响
2	化学除藻剂	$CuSO_4$ 和含铜有机螯合物	用来控制水体藻类生长，可作为应急措施应用于严重富营养化河流处理中	操作方便简单，除藻速度快，但没有将水体中含 N、P 元素的营养物质去除，同时，水生生物通过食物链对含铜物质进行富集，可能危害水生生物健康
3	化学稳定剂	石灰、硅酸钙炉渣、钢渣等	将水体 pH 调节至 7～8，重金属与相关离子反应生成沉淀物而不会以离子态或结合态进入水体中	消除水体黑臭速度快，但需大量化学药剂，成本高，且易引起二次污染
		氧化试剂（硝酸钙）	与底泥中的污染物质反应，通过抑制污染物质向水体中释放使其与水体营养物质保持平衡状态	有效抑制上覆水体中 TN、氨氮、TP 和磷酸盐浓度高峰值出现，但对 COD 浓度没有明显的作用
4	基质竞争抑制剂	硝酸盐、乙酸	通过加入硝酸盐等电子受体或共代谢基质，改变底泥微生物的代谢方式，提高氧化还原电位，促进好氧微生物的生长，从而使污染物通过好氧微生物的作用降解为水和二氧化碳等无害物质	投加硝酸盐等基质竞争抑制剂能刺激反硝化细菌（DNP）的生长，促进反硝化作用；另外减少硫酸盐还原菌（SRB）的生长，使 SRB 的活性降低，SO_4^{2-} 还原成 H_2S 的过程被抑制
5	微生物菌剂	XM 菌剂、液可清、固定化枯草芽孢杆菌、光合细菌 P9 等	依靠多种高效菌种生长繁殖中新陈代谢的作用分解有机污染物	水体有机污染物与浊度都有较高的去除率
6	微生物促进剂	Bio-energiz er	利用微生物促生技术、微生物解毒技术和小分子有机酸提炼技术，将矿物质、有机酸、酶、维生素和营养物质混合制成生物制剂。通过往污染水体中投加生物促生剂，可激活水体和底泥中原有的土著微生物，刺激其生长繁殖，使水体微生物菌落恢复正常的降解污染物能力	微生物促进剂通过激活微生物生长，从而对水体有较好的净化作用，同时增加了水体的溶解氧浓度和透明度
7	固定化生物催化剂	IBC 固定化生物催化剂	加速河涌底泥和上覆水体污染物的降解，丰富河涌底泥的微生物量，增强河涌自净能力	底泥有机质和硫化物的去除率分别为 77.03% 和 92.58%，而对照组则为 37.90% 和 75.34%

化学方法是指添加化学药剂和吸附剂改变水体的氧化还原电位、pH，吸附沉淀水体中悬浮物质和有机质等，从而使污染物得以从底泥中分离，或降解转化成其他无毒的化学形态。混凝处理只是污染物转移，对有机物和氮的处理效果有限。化学方法的暂时效果最为明显，但是容易造成水体的二次污染，且使用成本较高，常作为一种协助技术或应急控制技术。

生物技术包括原位生物修复技术和复合酶净化技术。原位生物修复技术是指向污染的水体中投加经过筛选的具有分解能力的菌种，降解过量的污染物。复合酶制剂是利用自然界存在的有机物和其他生物酶成分而制成的生物酶降解剂类产品，通过激活土著微生物，有效激发水体生态的内循环供氧机制，促使水体中溶解氧的自然修复，进而有效去除污染物，有效控制污染物的扩散，使受损生态系统向良性生态系统演替。

7.3.7 面源污染控制技术

河涌污染很大一部分原因是面源污染，为了减少面源的排放，不管是合流制排水管还是雨水管，都需要建设初雨及溢流收集的调蓄池，对于没有空间条件建设的地方，可通过沿河道边或中间建设大排水通道调蓄池来达到相应的功能。当需要对污水管道进行检查或维修时，也可借助大排水通道调蓄池来进行排水。目前广州为了解决这些初雨污染及溢流污染，分别建设了东濠涌深隧、石井河截污渠箱、马涌涌底渠箱等项目。另外一个控制面源污染的方法是采取"海绵城市"技术，通过提高地面的透水性能，增设雨水调蓄设施，鼓励加大雨水回用力度等，有效减少暴雨径流量并降低雨水径流中的污染物浓度，从而削弱对水体的影响。

7.4 河涌治理新技术展望

7.4.1 综合整治

黑臭水体治理过程中须兼顾水质和生态环境，更重要的是改善河涌生态环境，消除底泥污染物，注重恢复其微生物生态系统，构建或恢复相对完整生态群落。在治理黑臭水体时，利用单一技术很难将河涌水质改善；运用几种成熟技术，参考试验结果与过程，组合并完善后，形成一套行之有效的办法或手段。

7.4.2 智慧水务

智慧水务是指通过数采仪、无线网络、水质水压表等在线监测设备实时感知城市供排水系统的运行状态，并采用可视化的方式有机整合水务管理部门与供排水设施，形成"城市水务物联网"，这是目前水务工作的发展方向。通过对全流程供水量、排水量、水质、水位、排水管口等的实时监控，掌握排水管网及设施的运行状态，实施有效的调度，达到控制污水溢流的目的，实现控源截污。

7.4.3 海绵城市

海绵城市和黑臭水体治理是当前我国新形势下城市建设与水环境治理的重大战略举措。径流污染控制、雨水调蓄利用系统、水生态保护是海绵城市和黑臭水体治理的共同建设需求，在项目建设中将两者有机结合，以此达到节约工程费用和充分发挥两者协同效益的目的。

7.5 【工程实例】麓湖生态修复工程

7.5.1 项目背景

麓湖是广州市四大人工湖之一，水域面积约 21 平方公里，于 1958 年洼地筑坝蓄水形成，名为游鱼岗水库，后更名为金液池。因处白云山麓，1965 年易名为麓湖。麓湖公园位于白云山脚下，景色优美，是市民休闲娱乐的好地方，还肩负着蓄洪排涝的功能。

污水直排、雨污合流、流域面源污染以及厚厚的污染底泥等内外源污染，加速了麓湖的富营养化进程，严重影响麓湖水环境质量和生态景观。水体生态修复前，水体重度富营养，藻华频发，水体颜色泛绿泛黄，水体透明度低，严重影响沉水植被的生长和繁殖。沉水植被退化甚至消失，生态系统结构与功能异化、不稳定、自净能力差，属地表水劣Ⅴ类水质。见图 7-10。

图 7-10　麓湖富营养化情况

7.5.2　修复目标

项目水体生态修复目标：水体透明度≥1.5m，水质主要营养指标达到地表水Ⅳ类或以上标准（表 7-2），非硬化区沉水植物覆盖率达到 60% 以上，水体生态系统得以恢复，生物多样性显著提高，实现水体自净、系统可持续和景观提升。

表 7-2　地表水环境质量标准（GB 3838—2002）Ⅳ类主要营养指标

水质标准	化学需氧量（COD_{Mn}）	总磷（TP）	氨氮（NH_3-N）	总氮（TN）
地表Ⅳ类	≤10mg/L	≤0.1mg/L	≤1.5mg/L	≤1.5mg/L

7.5.3　技术路线

按照"控源截污、内源治理；活水循环、清水补给；水质净化、生态修复"的基本技术路线，控源截污、内源治理、恢复沉水植被、完善食物网结构，形成稳定的、可持续的、生物多样性高的清水型湖泊生态系统，呈现鱼翔湖底、水草悠悠的生机盎然的良好生态景观环境。见图 7-11。

7.5.4　实施方案

（1）外部污染控制措施

对入湖排口采取强化预处理措施削减点源污染，采用"快速过滤净水一体化设备"＋

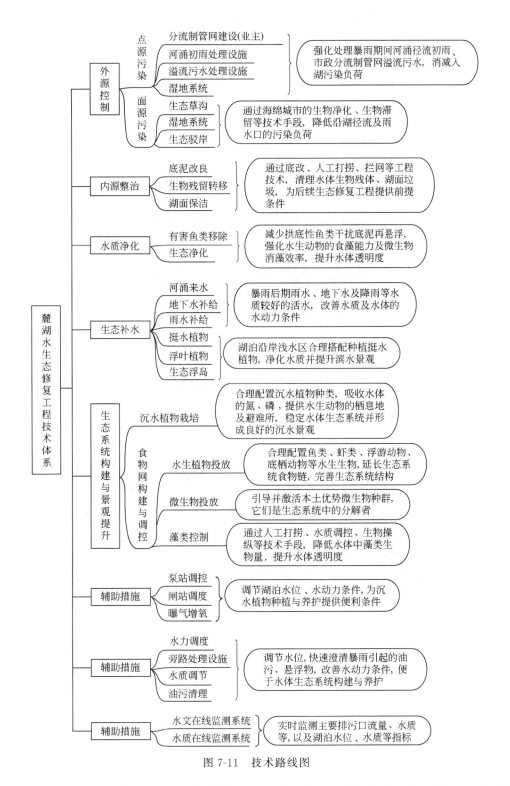

图 7-11　技术路线图

"人工湿地"工艺强化削减入湖河涌外源污染以及暴雨期间河涌径流初期雨水、市政分流制管网溢流污水以及偷排污水的应急处理，以达到消减入湖污染负荷、降低外部污染的目的。

（2）面源污染控制措施

通过"湖滩湿地"等生态强化措施，降低沿湖面源污染负荷。

（3）水质净化措施

利用围网捕捉和声纳捕鱼的方式将鱼类转移至其他水体（图7-12），并且清除有害鱼类，减少底栖鱼类等生物干扰底泥造成的沉积物再悬浮；采用"生态净化"技术，利用浮游动物、滤食性鱼类对浮游藻类的牧食能力和微生物水质净化能力，提升并维持水体透明度，为沉水植物的建植提供良好的光照条件。

图7-12　鱼类转移

（4）内部污染控制措施

为了消减内部污染和为水生植被营造一个良好的生长环境，利用"底泥改良"技术，实施底泥消毒和底质改良（图7-13）；通过"人工打捞"＋"悬浮物拦网技术"拦截和打捞漂浮物达到"面净"的效果。

图7-13　底泥改良

（5）生态补水

河涌来水、地下水补给和雨水补给，暴雨后期，雨水可成为麓湖的活水来源，能改善麓湖水体水质和提供水动力。

（6）沉水植被恢复

这是水体生态修复的关键。在内外污染控制的情况下，结合水质净化措施，为沉水植物的建植提供有利条件。根据植物生态习性和场地现状，合理配置沉水植物种类，通过水生吸收氮磷营养、提供微生物附着基质和水生动物栖息环境、改善根系底泥微生境、固定及钝化底泥，恢复较稳定的、生物多样性高的草型清水态湖泊生态系统，改善水质环境，提升水体景观。见图7-14、图7-15。

图 7-14　沉水植物种植

图 7-15　挺水植物种植

（7）食物网构建与调控

采用"食物网构建与调控"技术，投放水生动物、微生物延长食物链，完善生态系统结构与功能，从而使得水体生态系统更稳定。

（8）生态景观建设

恢复沉水景观，构建和完善滨水景观以及建设人文景观。

（9）辅助措施

采用"泵站调控"减少合流制管网初期雨水进入湖泊，汛期实施闸站调度调节湖泊水位，提供水动力为沉水植物的种植和养护提供便利条件，采用曝气增氧措施提升局部水动力，降低死水区域藻类爆发概率。

（10）应急措施

暴雨期实施水利调度，调节湖泊水位，保证沉水植物的有利光照条件；"十年一遇"洪水量的快速过滤净化一体化设备，削减暴雨初期雨水对麓湖的影响；根据生物操纵技术，通过水生动物和微生物，控制藻类爆发；在潜在排污口和偷排处进行生态强化处理，削减入湖污染负荷；结合监控系统和巡查，监控人为破坏、偷排现象，及时实施打捞和隔离措施，防止污染物扩散。

（11）智慧水务

采用"水质和水文在线监测系统"实时监控主要污水排口水质水量和湖泊水位水质，通过反馈机制能够及时针对进入湖体的水污染现象做出预警，并对其排入流量及污染情况保存并输出数据，以便更快地对湖泊实施相应的管理及改善措施。采用"视频监控系统"对人为破坏和偷排行为，实施快速应急措施。

7.5.5 实施效果

经过 150 天的治理,项目达到了预期治理目标,湖水清澈见底,水体生态系统得以恢复,生物多样性显著提高,实现水体自净和景观提升。见图 7-16。

图 7-16 麓湖治理后景观

试题练习

1. 简述黑臭水体治理生态修复采用的技术手段。
2. 简述黑臭水体分级评价指标与判定的标准。
3. 黑臭水体内源污染治理过程中生态清淤应符合哪些要求?

项目八 水处理设备与控制

 学习目标

水处理机械设备是污水处理工程的核心，通过对本项目的学习，了解水处理工艺的主要设备与控制技术。对水处理中常见的曝气设备、泵、搅拌与推流系统、污泥脱水设备、消毒设备、自动控制系统等有基本的认识，能对相应设备进行控制，并能掌握水处理设备的安装及维护的基本技能。

任务分析

水处理工程中的机械设备主要可分为曝气设备、泵、搅拌与推流系统、污泥脱水设备、消毒设备等。本项目拟通过对主要设备的理论介绍、实地参观，了解主要核心设备的工作原理、主要结构部件及其作用，掌握主要核心设备的控制方法。再通过对设备进行安装及维护实训的开展，习得设备安装及维护的技能。

污水处理工程中水处理机械设备的有效运用，涉及的单元和具体内容比较多，例如拦污设备、分离设备、曝气系统设备、排泥排渣设备以及消毒设备、过滤设备、泵类设备、风机类设备等，都是水处理中比较常见的一些基本设备单元。此外，还涉及了一些污泥处理方面的机械设备，例如污泥浓缩机、污水脱水机、烘干机、污泥输送储存等设备，污水处理工程的所有设备的合理有序运行才能够使出水达标排放，任何一个环节出现问题，都可能导致出水超出排放标准。水处理机械设备的类型比较多，各类机械设备的应用注意事项较为繁杂，需学习主要的水处理机械设备相关的知识及控制方法，使污水处理系统能够稳定可靠的运行。

8.1 曝气系统设备与控制

曝气设备是指在污水处理工艺中，使用一定的方法和设备，向池内污水中强制加入空气，通过空气搅动污水，使污水与空气充分接触，既防止池内活性污泥下沉，又加速空气中的氧向污水转移，提高污水中的有机物与溶解氧、微生物接触，加强有机物的氧化分解。曝气是生化系统运行的重要内容，也是污水处理中运转费用较高的工艺环节。曝气的主要作用是向反应池内充氧，保证微生物代谢所需的溶解氧，从而提高生化系统运行效率。

常见的曝气设备可分为四类，即鼓风曝气设备、表面曝气设备、水下曝气设备和纯氧曝气设备。

8.1.1 鼓风曝气设备

鼓风曝气设备是使用具有一定风量和压力的曝气风机利用连接输送管道，将空气通过扩散曝气器强制加入到液体中，使池内液体与空气充分接触。

鼓风曝气系统由空气加压设备、空气输配管路与空气扩散装置组成。加压设备包括空气净化器、鼓风机或空气压缩机，其风量要满足生化反应所需的氧量和能保持混合液中悬浮固体呈悬浮状态，风压则要满足克服管道系统和空气扩散装置的摩擦损耗及其上部的静水压。空气净化器的目的是改善整个曝气系统的运行状态和防止扩散器阻塞。

空气输配管路包括输气管、曝气池中的管网，管网包括干管和支管，干管常架设于相邻两廊道的公用墙上，向两侧廊道引出支管。

扩散器是整个鼓风曝气系统的关键部件，它是将空气分散成空气泡，增大空气和混合液之间的接触界面，把空气中的氧溶解于水中。扩散器一般布置在曝气池的一侧或池底，增加气泡和混合液的接触时间，有利于氧的传递，同时使混合液中的悬浮固体呈悬浮状态。

根据分散气泡的大小，扩散器可以分成几种类型。

（1）大气泡型扩散器

大气泡型扩散器主要采用曝气竖管，布置在曝气池的一侧以横管分支成梳型，竖管口径在 15mm 以上，离池底 150mm。见图 8-1。

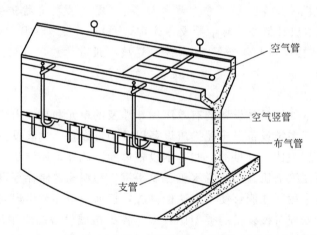

图 8-1　大气泡型空气扩散装置

（2）中气泡型扩散器

中气泡型扩散器常用穿孔管和莎纶管。采用穿孔管（perforated tube）曝气即为穿有小孔的钢管或塑料管（直径 25～50m），小孔直径为 3～5m，开设于管壁两侧向下 45°角处。穿孔管常设于曝气池侧高于池底 0.1～0.2m 处，也有按编织物的形式安装遍布池底。为避免孔眼堵塞，孔眼处空气出口流速不小于 10m/s。国外用莎纶管。莎纶是一种合成纤维。莎纶管以多孔金属管为骨架，管外缠绕莎纶绳。金属管上开了许多小孔，压缩空气从小孔逸出后，从绳缝中以气泡的形式挤入混合液。空气之所以能从绳缝中挤出，是由于莎纶富有弹性。

（3）小气泡型扩散器

从气泡的产生方式来看，该类扩散器属于空气升液型的有扩散板、扩散盘、扩散管等。

扩散盘英国采用较多，清洗时易拆除。小气泡型扩散器中属于水力剪切型的有倒盆式空气扩散装置、固定螺旋曝气器、动态曝气器、金山Ⅰ型、动力散流型曝气器等；属于水力冲击型的有密集多喷嘴空气扩散装置、射流式空气扩散装置等。典型的是由微孔材料（陶瓷、沙砾、塑料）制成的扩散板或扩散管。气泡直径可达 1.5mm 以下。

① 空气升液型

a. 扩散板：是用多孔性材料制成的薄板，有陶土的，也有多孔塑料或其他材料（如尼龙）的。其形状可以做成方形，尺寸通常为 300m×300m×（25～40）mm，其装置如图8-2所示。

b. 扩散管。管径为 60～100m，常以组装形式安装，其装置如图 8-3 所示。

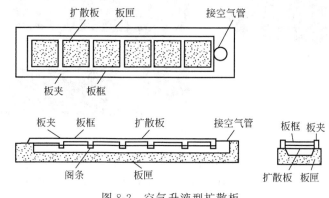

图 8-2 空气升液型扩散板

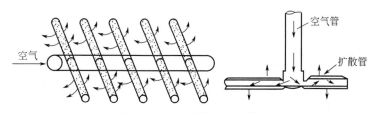

图 8-3 空气升液型扩散管

② 水力剪切型空气扩散装置。水力剪切型空气扩散装置利用装置本身的构造特点，产生水力剪切作用，将大气泡切割成小气泡，增加气液接触面积，达到提高效率的目的。这种空气扩散装置有以下几种类型。

a. 倒盆式空气扩散装置。这种装置空气由上部进入，由壳体和橡胶板之间的缝隙向四周喷出，由于水力剪切作用，气泡变小；当停止曝气时，借助橡胶板的回弹力，缝隙自动封闭可以防止污泥倒灌。

b. 固定螺旋曝气器（fixed screw aerator）。其由圆形外壳和固定在内部的螺旋叶片组成，每个螺旋叶片的旋转角为 180°，相邻叶片的旋转方向相反。空气由底部进入，向上流动，产生提升作用，使混合液循环流动；空气泡在上升过程中，被叶片反复切割，形成小气泡；其具有阻力小、搅拌力强等优点，此类曝气器又可分为固定单螺旋、双螺旋、三螺旋等。

除了以上两种主要的曝气装置之外，还有动态曝气器、金山Ⅰ型、动力散流型曝气器、旋混式曝气器等。

（4）微气泡型空气扩散器

微气泡型空气扩散装置（fine air aeration system，也叫微孔曝气器），气泡直径在 $100\mu m$ 左右。微气泡型空气扩散装置比大、中、小气泡扩散器充氧效率高，节能 50%～60%。常用的微孔曝气器可分为以下几类。

① 刚玉微孔曝气器。空气通过多孔刚玉曝气板（壳）在水中产生小气泡，按照形状可分为平板形、钟罩形、圆拱形、球形四种。刚玉微孔曝气器的缺点是：进入曝气器的空气需要经过较严格的除尘净化，曝气器的孔眼易被污泥堵塞等。见图 8-4。

图 8-4　刚玉微孔曝气器

② 覆盘型微孔曝气器。覆盘形微孔空气扩散器一般主要由聚乙烯曝气壳、底盘、橡胶垫圈、压紧圈、布联接座、布气管组成，大多采用钟罩形。所用高密度聚乙烯（壳）材质特性为：密度 $0.93 g/cm^3$，拉伸强度 29MPa，热变形温度 85℃。见图 8-5。

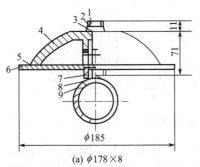

(a) $\phi 178 \times 8$

1—通气夹紧螺栓；2—垫圈；3,5—橡胶垫圈；4—聚乙烯曝气壳；
6—底盘；7—连接套；8—连接座；9—布气管

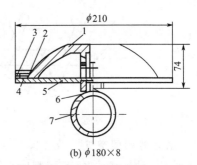

(b) $\phi 180 \times 8$

1—聚乙烯曝气壳；2,4—橡胶垫圈；3—压紧圈；
5—底座；6—连接座；7—布气管

图 8-5　高密度聚乙烯覆盘型微孔曝气器外形尺寸图

③ 橡胶膜微孔曝气器。从外形上来看，橡胶膜微孔曝气器分为盘式和球冠形两种。橡前者主要由上盖、合成橡胶膜、支撑架、底座密封垫等组成，在合成橡胶膜上开有 2100～2500 个按一定规则排列的开闭式孔眼。空气由底座的通气孔经支撑架进入橡胶膜与支撑架之间，在压力作用下膜片微微鼓起，孔眼张开，空气从孔眼中扩散出去，形成细微气泡。停止供气时膜片在自身的弹性和负压作用下使孔眼闭合，膜片因水压作用而压实在布气盘上，混合液不会将孔眼堵塞。见图 8-6。

④ 多孔材料烧结成的扩散板、扩散盘（罩）、扩散管等。空气通过表面布满微孔的曝气橡胶管，在水中产生气泡。一般将系统设计成可提升式。

通常扩散器的气泡越大，氧的传递速率越低，然而它的优点是堵塞的可能性小，空气的

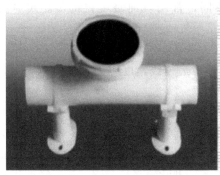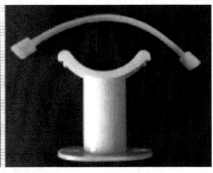

图 8-6 橡胶膜微孔曝气器

净化要求也低，养护管理比较方便。微气泡型空气扩散器由于氧的传递速率高、反应时间短，因此曝气池的容积可以缩小。选择何种扩散器要因地制宜。见图 8-7。

图 8-7 扩散盘微孔曝气装置

　　鼓风曝气用鼓风机供应压缩空气，常用罗茨鼓风机、离心式鼓风机和磁悬浮鼓风机。罗茨鼓风机适用于中小型污水厂，但噪声大，必须采取消音、隔音措施。离心式鼓风机噪声小、效率高，适用于大中型污水厂，但国内产品规格还不多。磁悬浮鼓风机是一种输送气体的机械设备，其采用磁悬浮轴承、三元流叶轮、高速永磁同步电机、高效变频器调速、智能化监测控制等核心技术，启动时先悬浮后旋转，无摩擦，无需润滑，三元流叶轮与转子直联，传动零损失，是一种高科技绿色节能环保产品。可应用于向污水池曝气，使污水处理池中的生物活性物能充分与污水中的物质接触，从而达到除污的目的。

8.1.2 表面曝气设备

　　在废水处理中，一般将叶轮安装于曝气池池液表面，利用叶轮的转动实现提水和输水，使曝气池内形成环流，更新气液接触面和不断吸氧，形成水跃，使液体剧烈搅动而装进空气，形成低压区吸入空气以充氧。

　　表面曝气具有构造简单、运行管理方便、充氧效率高等优点，常用于小型的曝气池。表面曝气设备按照转轴的方向不同可分为立轴式和水平轴式两大类。

8.1.2.1 立轴式表面曝气设备

　　立轴式表面曝气机又称竖轴式叶轮曝气机，表面曝气机主要是指立式机械曝气器。表面曝气机转速较低，一般为 $20\sim100\mathrm{r/min}$，最佳线速度为 $4.5\sim6.0\mathrm{m/s}$，动力效率为 $3\mathrm{kgO_2/}$

（kW•h），根据曝气机叶轮的构造和形式的不同，常用表面曝气机的类型可分为泵型、K型、倒伞型、平板型四种。

（1）泵型

泵型叶轮的外形与离心泵的叶轮相似，其外缘最佳线速度应为 4.5～5.0m/s，叶轮的浸没深度应在 40mm 左右。

（2）K型

K型叶轮由后轮盘、叶片、盖板及法兰组成，后轮盘呈双曲线形。与若干双曲线型叶片相交成水流孔道，孔道从始端到末端旋转 90°。后轮盘端部边缘与盖板相接，盖板大于后轮盘和叶片，其外伸部分和各叶片上部形成压水罩。K型叶轮直径与曝气池直径或边长之比大致为 1:（6～10），其最佳线速度应在 3.5～5.0m/s 之间，叶轮的浸没深度为 0～10mm。

（3）平板型

平板型叶轮构造简单、制造方便、不易堵塞，其叶片与平板的角度一般在 0°～25° 之间，最佳角度为 12°。线速度一般为 4.05～4.85m/s，直径在 1000mm 以下的平板叶轮，浸没深度在 10～100mm 之间，直径在 1000mm 以上的平板叶轮，浸没深度常用 80mm，而且大多设有浸没深度调节装置。

图 8-8　倒伞型叶轮曝气器

（4）倒伞型

倒伞型叶轮结构的复杂程度介于泵型和平板型之间，与平板型相比其动力效率较高，一般都在 2kgO_2/（kW•h）以上，最高可达 2.5kgO_2/（kW•h），但充氧能力较低。倒伞型叶轮直径一般比泵型叶轮大，因而转速较低，通常为 30～60r/min。见图 8-8。

8.1.2.2　水平轴式表面曝气设备

水平轴式曝气设备有多种形式，机械传动结构大致相同，总体布置有异，主要区别在于水平轴上的工作载体——转刷或转盘。

（1）转刷曝气机

转刷曝气机属于水平轴曝气机，是氧化沟处理工艺的关键设备。转刷曝气机可起到曝气充氧、混合推流的双重作用，可以防止活性污泥沉淀，有利于微生物的生长。在欧洲这种曝气装置是非常流行的一种老式曝气装置。它由筒体、轻刷、驱动装置等组成，筒体周边带有伸入废水中的钢毛。筒体贴近水面，水平安装。转筒由电机驱动，迅速旋转，使不断扬起的废水穿过曝气池，加速循环使用，并使空气进入水中。氧转移速率达 1.2～2.4kgO_2/（kW•h）。近年来在石油、化工、印染、制革、造纸、食品、农药、煤炭等行业的工业废水和城市生活污水的处理中广泛采用转刷曝气的氧化沟工艺，取得了良好的处理效果。

转刷曝气机用于污水处理厂氧化沟，其作用是向污水中充氧，推动污水在沟中循环流动以及防止活性污泥沉淀，使污水和氧充分混合接触，完成生化过程。由立式电机、螺旋圆锥-圆柱齿轮减速器、主轴、刷片、尾端轴承座、润滑系统及控制柜组成。见图 8-9。

转刷曝气机运行时，本轴在传动装置的带动下，以一定的速度回转，转刷叶片在随主轴水平旋转的过程中，将空气中的氧不断送入水中；此外，通过转刷的运转，推动污水以一定

图 8-9 转刷曝气机

的流速在氧化沟中循环流动，既能防止活性污泥的沉淀，又能使有机物、微生物与氧充分混合接触，从而有效地达到氧化沟工艺对混合充氧的需要。

转刷曝气机由驱动装置、减速器、联轴器、主轴、转刷叶片、支座、电控系统等部分组成。转刷曝气机结构形式有以下几种。

① 减速机常用结构型式：立式电动机与减速器采用弹性柱销齿式联轴器直联传动，减速器采用螺旋伞齿轮和圆柱齿轮传动。

② 双载联轴器常用结构型式：采用球面橡胶与外壳内表面及鼓轮外表面挤压接触，同时传递扭矩、承受弯矩；采用其他型式时，必须具有调心及缓冲功能，调心幅度不得小于0。

③ 转刷轴尾部支撑结构型式要求：当转刷轴因热胀冷缩出现长度变化时，能自动调节。

④ 转刷结构型式：叶片沿主轴呈螺旋状排列，靠箍紧力传递动力。

⑤ 旋转方向：从转刷轴往减速机为顺时针旋转。

转刷曝气机的特点：

① 采用立式硬齿面齿轮减速机，承载能力强，耐冲击，运转平稳。

② 转刷刷片为组合抱箍式，安装维修方便，刷片呈螺旋排布，入水均匀、负荷平稳。

③ 采用弹性柱销齿式联轴器联接，传递扭矩大，允许一定的径向和角度误差，安装简单。

④ 采用调心轴承，既可以克服一定的安装误差，又能补偿转刷水平轴因温差引起的伸缩，保证转刷的正运行，提高设备寿命。

（2）转盘曝气机

转盘曝气机简称曝气转盘或曝气碟，其盘片一般由抗腐蚀的玻璃钢或高强度的工程塑料制成，盘上面有大量规则排列的三角形突出物和不穿透小孔（曝气孔），用以增加和推进混合效果和充氧效率。因此，尽管盘片很薄，但混合和充氧能力很好。

转盘曝气机表面距池底安装高度：270mm、250mm，推板式为200mm。转盘曝气机由转盘、转轴、轴承座、电动机、减速机和电控箱等组成。见图8-10。

图 8-10 转盘曝气机

8.1.3　水下曝气设备

水下曝气设备放置于被曝气水体中层或底层，其作用是将空气送入水中与水体混合，完成空气中的氧由气相向液相的转移过程。水下曝气设备按进气方式不同可分为压缩空气供气式与自吸空气式两类。压缩空气式一般采用鼓风机或空压机送气，靠叶轮离心力或射流技术产生负压区，外接进气管吸入空气。水下曝气机的突出优点是能够提高氧的转移速度，同时由于底边流速快，在较大范围内可以防止污泥沉淀；此外，无泡沫飞溅和噪声，避免了二次污染。发达国家还有深水曝气设备，深度大于 10m，有的设计水深达 30m。水下曝气设备可分为以下几类。

（1）鼓风式潜水曝气搅拌机

鼓风式潜水曝气搅拌机是由潜水电机、减速箱、散气螺旋叶轮、壳体等成分构成的有曝气和搅拌功能的搅拌曝气装置。该机通过散气叶轮与螺旋桨叶轮同轴旋转，在散气叶轮工作区将鼓风机供给的空气破碎成许多微细气泡，再与上升的水流一起被螺旋桨叶轮吸入导流筒内进行气液完全混合。充分混合后的气液混合液从导流筒吐出口呈放射状强有力地向外喷出。含有大量微细气泡的气液混合液呈放射状流到池子的上部，然后流到池子的周边，再沿着池壁到池底。重新汇集于池底中央的混合液又被吸到散气叶轮的气源处再重复上述过程。

由于叶轮吸水、喷水、旋转的作用，水流呈放射状做上下循环运动，调动水量大、搅拌能力强，形成了一个周而复始的总体流动，使得气、固、液三者充分混合，既达到了高效充氧，又防止了活性污泥的沉淀。

（2）潜水离心式曝气机

潜水离心式曝气机也称自吸式潜水曝气机，见图 8-11。

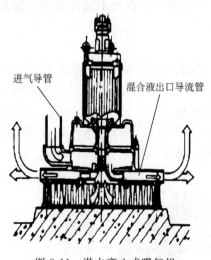

进气导管

混合液出口导流管

图 8-11　潜水离心式曝气机

叶轮与潜水电机直连，叶轮转动时产生的离心力使叶轮进水区产生负压，空气通过进气导管从水面上吸入，与进入叶轮的水混形成气水混合液由导流孔口增压排出，水流中的小气泡平行沿着池底高速流动，在池内形成对流和循环。

（3）射流曝气机

射流曝气机有自吸式与供气式两种形式，除具有曝气功能外，同时兼有推流及混合搅拌的作用。

① 自吸式射流曝气机。自吸式水下射流曝气机由潜水泵和射流器组成。当潜水泵工作时，高压喷出的水流通过射流器喷嘴产生射流，经过扩散管进口处的喉管时，在气水混合室内产生负压，自动将液面以上的空气由通向大气的导管，经与水充分混合后，空气与水的混合液从射流器喷出与池中的水体进行混合充氧在池内形成环流。

常用的自吸式射流曝气机为 LNYB 型液下射流曝气机（图 8-12）。LNYB 型液下射流曝气机主要由射流器与潜水泵组成。潜水泵出水通过射流器的喷嘴，形成高速水流，射入射流器的喉管后产生负压。通过进气管自动吸入空气。在射流器的喉管和扩散管与水流高速混合，形成气水混合液，气水混合液从射流器中喷出，在池中形成强烈的涡流。强力搅拌的同时，大量的溶解氧溶解到水中。

②供气式射流曝气机。供气式射流曝气机（器）一般设置在曝气池或氧化沟底部，外接加压水管、压缩空气管。送入的压缩空气与加压水充分混合后向水平方向喷射，形成射流和混合搅拌区，对水体充氧曝气。见图8-13。

图8-12　LNYB型液下射流曝气机

工程实际中常用的供气式射流曝气机（器）为密集多喷嘴空气扩散装置。该装置由钢板焊接成长方形，主要由进水管、喷嘴、曝气筒和反射板等部件组成，喷嘴安装在曝气筒的中下部，空气由喷嘴向上喷出，使曝气筒内的混合液上、下循环流动。喷嘴的直径一般为5～10mm，数目达百个，出口流速为80～100m/s。

图8-13　供气式射流曝气机

（4）自吸式螺旋曝气机

自吸式螺旋曝气机（图8-14）是一种小型曝气设备，驱动轴上部有孔洞，螺旋桨在水下高速旋转，中空的螺旋桨驱动轴顶端连接着电机轴，其底端与螺旋桨和扩散器连在一起，形成负压并产生液体流，在压力差的作用下，空气通过空心驱动轴进入水中。其螺旋桨形成的水平流将空气转化成细微、均匀的气泡，其平均直径2mm。由于螺旋桨的作用，该曝气机同时具有混合推流的功能，使得气泡扩散得较远，从而与水接触时间很长，氧利用率非常高。

该设备工作时曝气机的入水角度可以在30°～90°之间调节，通常以45°放置，但有些时候为达到最好的效果，必须根据具体情况调节安装角度；曝气机可以提出水面直接维修。一般用于小型曝气系统，或者作为大中型氧化沟增强推流与曝气效果而增添的附加设施。

8.1.4　纯氧曝气设备

纯氧曝气是指利用纯氧（富氧）代替空气进行曝气的活性污泥法生物处理过程。与空气曝气相比较，它具有以下特点：①氧传递速率快，活性污泥浓度高，因此可提高有机物去除率，使曝气池容积大大缩小；②剩余污泥量少，污泥具有良好沉降性，不易发生污泥膨胀；③曝气池中能保持高浓度的溶解氧，有较好的耐冲击负荷能力。但纯氧曝气需配备制氧设备，或者需要外部的液氧供氧。

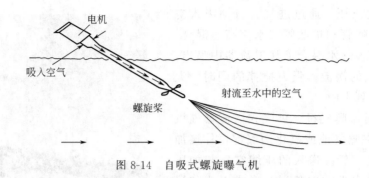

图 8-14　自吸式螺旋曝气机

纯氧曝气工艺与空气曝气都是通过好氧微生物对污水中的有机物进行生化反应使污水得以净化。所不同的是前者是向污水中充纯氧，后者是向污水中充空气。纯氧曝气法的一大特点就是处理效率明显高于空气法。因为纯氧的浓度是空气中氧浓度（21%）的 4.7 倍，因此氧气法系统中氧的分压，亦即溶氧的推动力，也比空气法高 4.7 倍，在水中溶解氧的饱和值（CS）也增加了 4.7 倍，充氧速率也增加了 4.7 倍，显著提高了氧的转移速率，从而使好氧微生物的浓度和活性都得到提高，明显改善了传统活性污泥法的不足。因此将同一污水处理到同一水平，氧气法所需曝气时间一般仅为空气法的 1/3 左右。

纯氧曝气按照曝气器的形式可以分为纯氧射流曝气系统、纯氧微孔曝气系统和纯氧涡旋曝气系统三大类。

可以根据曝气池池形的不同灵活地选择三种曝气系统。

8.1.5　曝气系统运行维护与管理

8.1.5.1　空气扩散器的维护和管理

污水处理厂采用的曝气设备多种多样，但绝大多数处理厂，尤其新建厂经常采用的主要有三类：陶瓷微孔扩散器、橡胶膜微孔扩散器和曝气转刷。前两类为鼓风曝气设备，也称为曝气头，也是活性污泥工艺最常用的曝气装置。曝气转刷为表面曝气设备，主要用于氧化沟。

（1）微孔扩散器的堵塞问题及判断

扩散器的堵塞是指一些颗粒物质干扰气体穿过扩散器而造成的氧转移性能下降。衡量堵塞程度的指标，叫做堵塞系数，用 F 表示。F 是指扩散器运行一年后实际氧转移效率与运行初始的氧转移效率之比。无堵塞的扩散器的 F 值应为 1.0，堵塞的扩散器的 F 值小于1.0，但经过有效清洗后，F 值可恢复到 1.0。若陶瓷扩散器的 $F<0.7$，即运行一年后扩散器充氧性能指标降为原来的 70%，则视为较严重堵塞；F 值在 0.7～0.9 之间为中等程度堵塞；$F>0.9$ 为轻度堵塞。

按照堵塞原因，堵塞又可分为内堵和外堵。内堵也称为气相堵塞，堵塞物主要来源于过滤空气中遗留的沙尘、空气干管的锈蚀物、鼓风机泄漏的油污、池内空气支管破裂后进入的固体物质。外堵也称为液相堵塞，堵塞物主要来源于污水中悬浮固体在扩散器上沉积，微生物附着在扩散器表面生长，形成生物垢，以及微生物生长过程中包埋的一些无机物质。

大多数堵塞是日积月累形成的，因此应经常观察，观察与判断堵塞的方法为：

① 定期核算能耗并测量混合液的 DO 值。若设有 DO 控制系统，在 DO 恒定的条件下，

能耗升高，则说明扩散器已堵塞。若没有 DO 控制系统，在曝气量不变的条件下，DO 降低，说明扩散器已堵塞。

② 定期观测曝气池表面逸出的气泡大小。如果发现逸出气泡尺寸增大或气泡结群，说明扩散器已经堵塞。

③ 在现场最易堵塞的扩散器上设压力计，在线测试扩散器本身的压力损失，也称之为湿式压力（DWP），DWP 增大，说明扩散器已经堵塞。

④ 在曝气池最易发生扩散器堵塞的位置设置可移动式扩散器，使其工况与正常扩散器完全一致，定期取出检查测试是否堵塞。

（2）微孔扩散器的清洗方法

扩散器堵塞后，应及时安排清洗计划，根据堵塞程度确定清洗方法。清洗方法有三类：①停止运行，在池内清洗，包括酸洗、碱洗、水冲、气冲、氯冲、汽油冲、超声波清洗等方法；②在清洗车间进行清洗，包括回炉火化、磷硅酸盐冲洗、酸洗、洗涤剂冲洗、高压水冲洗等方法；③不拆扩散器，也不停止运行，在工作状态下清洗，包括向供气管道内注入酸气或酸液、增压冲吹等方法。第一类方法是最常用的方法。

解决内堵主要采用向空气管内注入酸液或酸气的方法。可采用盐酸，也可采用羧酸类如甲酸或乙酸，能有效去除 $Fe(OH)_3$、$CaCO_3$、$MgCO_3$ 等气相堵塞物，但对灰尘的去除效果不大。解决灰尘堵塞的根本方法是对空气进行有效的过滤。

美国常采用标准清洗方法，首先将曝气池停水并泄空，用 415kpa 以上的水压喷射冲洗，然后用 10%～22% 的盐酸在扩散器上均匀喷洒酸雾，半小时后再用水冲洗。国外有的处理厂采用超声波清洗，将曝气池放空，注入清水，深度至淹没扩散器即可，并向清水中加入洗涤剂，再用 25GHz 的超声波器激励，以便充分洗涤污染物。

8.1.5.2 空气管道的维护和管理

压缩空气管道的常见故障有以下两类。

① 管道系统漏气。产生漏气最常见的原因是选用材料质量或安装质量不好等。

② 管道堵塞。管道堵塞的原因一般是管道内的杂质或填料脱落，阀门损坏，管内有水冻结。其表现在送气压力、风量不足，压降太大。

③ 空气管路系统内积水。空气管路系统内的积水主要是鼓风机送出的热空气遇冷形成的冷凝水，因此不同季节形成的冷凝水量是不同的。冬季的水量较多，应增加排放次数。排除的冷凝水应是清洁的，如发现有油花，应立即检查鼓风机是否漏油；如发现有污浊，应立即检查池内管线是否破裂导致混合液进入管路系统。

空气管道故障的排除办法是：修补或更换损坏管段及管件，清除管内杂质，检修阀门，排除管道内积水。在运行中应特别注意及时排水。

8.1.5.3 鼓风机的运行维护

鼓风机运行维护应包括以下几项。

① 鼓风机运行时，定期检查鼓风机进、排气的温度与压力，空气过滤器的压差，冷却用水或油的液位、压力与温度等，定期清洗检查空气过滤器。做好日常读表记录，进行分析对比。

② 进气温度对鼓风机（离心式）运行工况的影响包括排气容积流量、运行负荷与功率、

喘振的可能性等，平时应及时调整进口导叶或蝶阀的节流装置，克服进气温度变化对容积流量与运行负荷的影响，使鼓风机安全稳定运行。

③ 经常注意并定期测听机组运行的声音和轴承的振动。严禁离心鼓风机组在喘振区运行。

鼓风机运行中发生下列情况之一，应立即停车检查和维护：①机组突然发生强烈震动或机壳内有刮磨声；②轴承温度忽然升高超过允许值，采取各种措施仍不能降低；③任一轴承处冒出烟雾。

8.1.6　曝气系统的控制

传统活性污泥工艺采用的是好氧过程，因而必须供给活性污泥充足的溶解氧。根据活性污泥运行调度情况，对曝气系统可以进行所谓的实时控制，使曝气池混合液的 DO 值时时刻刻维持在所要求的数值。很多处理厂一般都设有 DO 自动控制系统，一旦 DO 偏离设定值，通过调节曝气量，可在几分钟或十几分钟之内使 DO 恢复到设定值。

8.1.6.1　溶解氧 DO 和风机控制原理

DO 的自动控制包括鼓风压力和氧的溶解两个独立的控制回路。将曝气池 DO 浓度作为第一受控变量、以空气流量作为第二受控变量的独立的多级控制系统可有效地用于 DO 控制。一个缓慢作用控制器将测量获得的 DO 浓度与设定浓度进行比较，发出加大或减小风量的指令。风机的风量通常由流量控制器控制，该控制器的设定值则周期性地由缓慢反应溶解氧控制器来调节。

控制系统所需仪器为：DO 探头；曝气空气流量传感器；曝气探头压力传感器；风机流量传感器；曝气探头温度传感器；蝶阀；PID 控制器（DO、空气流量、压力控制）；顺序逻辑控制器；风机报警器和 DO 浓度报警器。

8.1.6.2　鼓风曝气系统的控制

鼓风曝气系统的控制参数是曝气池污泥混合液的溶解氧 DO 值，可通过调节控制变量 Q_a 调节混合液的溶解氧 DO 值，Q_a 是鼓风曝气池内的空气量。曝气量越多，混合液的 DO 值也越高。

传统活性污泥工艺末端出水的 DO 值一般控制在 2mg/L 左右。DO 控制区间与污泥浓度 MLVSS 以及 F/M 有关。一般来说，F/M 较小时，MLVSS 较高，DO 值也应适当提高。当控制曝气池出口混合液的 DO 值大于 3mg/L，可防止污泥在二沉池内厌氧上浮。当维持 DO 值不变时，曝气量 Q_a 的变化主要取决于入流污水的 BOD_5，BOD_5 越高，Q_a 越大。大型污水处理厂一般都采用计算机控制系统自动调节 Q_a，保持 DO 恒定在某一值。Q_a 的调节可通过改变鼓风机的投运台数以及调节单台鼓风机的风量来实现，小型处理厂则一般采用人工调节。目前，供氧量与曝气量在各种工艺条件下的计算已有成熟的方法，但较复杂。

8.1.6.3　表面曝气系统的控制

表面曝气系统通过调节转速和叶轮淹没深度调节曝气池混合液的 DO 值。具体调节规律因设备而异。同鼓风机系统相比，表面曝气系统的曝气效率受水流水质、温度等因素的影响较小。为满足混合要求，控制输入每平方米混合液中的搅拌功率大于 10W，否则极易造成污泥沉积。

8.2 泵及其控制

8.2.1 常用泵的类型

泵是输送液体或使液体增压的机械。它将原动机的机械能或其他外部能量传送给液体使液体能量增加，泵性能的技术参数有流量、吸程、扬程、轴功率、水功率、效率等，根据不同的工作原理可分为容积水泵、叶片泵等类型。容积泵是利用其工作室容积的变化来传递能量；叶片泵是利用回转叶片与水的相互作用来传递能量，有离心泵、轴流泵和混流泵等类型。泵可用来输送液体包括水、油、酸碱液、乳化液、悬乳液和液态金属等，也可输送液体、气体混合物以及含悬浮固体物的液体。泵的分类如图 8-15 所示。

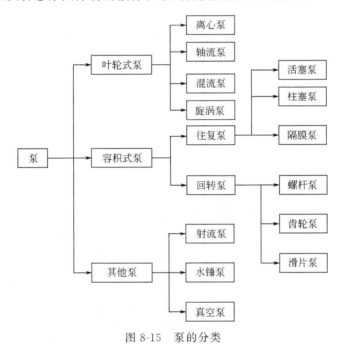

图 8-15　泵的分类

（1）离心泵

离心泵是利用叶轮旋转使水发生离心运动来工作的。水泵在启动前，必须使泵壳和吸水管内充满水，然后启动电机，使泵轴带动叶轮和水做高速旋转运动，水发生离心运动，被甩向叶轮外缘，经蜗形泵壳的流道流入水泵的压水管路。

离心泵的基本性能参数为：流量 Q（m^3/h，L/h）、扬程 H（m）、必需汽蚀余量 Δh_r（m）、转速 n（r/min）、轴功率和效率 η。

① 单级离心泵。单级离心泵（图 8-16）包括泵体、泵盖、带输出轴的电动机，在泵体内装设的泵轴、轴承座、叶轮、机械密封和机封压盖，是通过加长弹性联轴器与电动机连接的，泵的旋转方向，从驱动端看，为顺时针方向旋转。

适用于输送 80℃ 以下的清水及无腐蚀的液体，是一种常见的离心水泵。其中单级双吸离心水泵，主要用于城市给水、电站、水利工程及农田排灌。单级双吸离心水泵的最大特点是流量大，由于叶轮形状对称，因此不需要设置轴向力平衡装置。

② 多级离心泵。多级离心泵（图 8-17）是将具有同样功能的两个以上的离心泵集合在

图 8-16　单级离心泵

一起，在流体通道结构上，表现在第一级的介质泄压口与第二级的进口相通，第二级的介质泄压口与第三级的进口相通，如此串联的机构形成了多级离心泵。多级离心泵，采用了国家推荐使用的高效节能水力模型，具有高效节能、性能范围广、运行安全平稳、低噪声、寿命长、安装维修方便等优点；通过改变泵的材质、密封形式和增加冷却系统，可输送热水、油类、腐蚀性和含磨料的介质等。

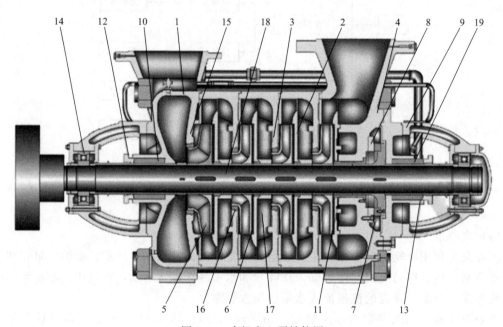

图 8-17　多级离心泵结构图

1—进水段；2—导叶；3—中段；4—出水段；5—首级叶轮；6—叶轮；7—平衡盘；
8—平衡板；9—尾盖；10—填料；11—平衡套；12—填料压盖；13—O形圈；14—轴承；
15—首级密封环；16—密封环；17—导叶套；18—轴；19—轴套

③ 潜水泵。潜水泵是深井提水的重要设备。使用时整个机组潜入水中工作，把地下水提取到地表，一般用于生活用水、矿山抢险、工业冷却、农田灌溉、海水提升、轮船调载，还可用于喷泉景观。热水潜水泵用于温泉洗浴，还可适用于从深井中提取地下水，也可用于河流、水库、水渠等提水工程。该泵主要用于农田灌溉及高山区人畜用水，亦可供中央空调

冷却、热泵机组、冷泵机组及城市、工厂、铁路、矿山、工地排水使用。一般流量可以达到 ($5\sim650m^3/h$)，扬程可达到 $10\sim550m$。

潜水泵的最大特点是将电动机和泵制成一体，它是浸入水中进行抽吸和输送水的一种泵，对电动机的结构要求比一般电动机特殊，其电动机的结构形式分为干式、半干式、充油式、湿式四种。

④ 离心式杂质泵。离心式杂质泵是具有切碎和抽送功能的一种新型离心泵，其特设粉碎机构，能将所有固体在被抽送时切碎，有效地防止泵输送被阻塞。因此可免除在泵前安装昂贵的粉碎机。本泵广泛用于造纸、食品加工、采矿、石油、化工、环保等部门输送含有大量固体物料、垃圾、污水、沙及沙砾、禽类废物、骨头、动物皮毛等情况。

根据抽吸的介质不同，可变换各种材质的过流部件，适用于输送磨蚀性或腐蚀性的各种浆体物料。

⑤ 离心油泵。用来输送汽油、煤油、柴油等石油产品。介质温度为 $-20\sim80℃$，是一种优良的船用装卸油泵，并适用于陆地油库、油罐车等储油装置的油料输送，也可以用来输送海水、淡水等。按结构形式和使用场合不同可分为普通离心油泵、筒式离心油泵和离心式管道油泵等。

⑥ 离心式耐腐蚀泵。耐腐蚀泵是具有耐腐蚀性能的泵，主要用于腐蚀性液体的输送，是通用设备泵里面使用较为广泛的一种泵。目前国内市场腐蚀性液体输送使用最为广泛的为不锈钢材料制造的耐腐蚀泵，因该材料制造的耐腐蚀泵具有耐腐蚀范围广泛优越、维修操作方便等优点。

耐酸碱自吸泵适用于所有含酸碱腐蚀性成分的化学药液、污水等的抽送、循环、排放等，广泛应用于电镀、电子、化工、皮革、染整废水、废气等行业。TCL 系列泵头与电机之间使用联轴器连接，其大功率的型号为追求大流量的用户所喜爱。

（2）容积式泵

容积式泵是依靠工作元件在泵缸内作往复或回转运动，使工作容积交替地增大和缩小，以实现液体的吸入和排出。工作元件作往复运动的容积式泵称为往复泵，作回转运动的称为回转泵。前者的吸入和排出过程在同一泵缸内交替进行，并由吸入阀和排出阀加以控制；后者则是通过齿轮、螺杆、叶形转子或滑片等工作元件的旋转作用，迫使液体从吸入侧转移到排出侧。

① 往复泵。往复泵（reciprocating pump）是依靠活塞、柱塞或隔膜在泵缸内往复运动使缸内工作容积交替增大和缩小来输送液体或使之增压的容积式泵。往复泵按往复元件不同分为活塞泵、柱塞泵和隔膜泵三种类型。往复泵与离心泵相比，有扬程无限高、流量与排出压力无关、具有自吸能力等特点，但缺点是流量不均匀。

② 回转泵。回转泵的特点是无吸入阀和排除阀、结构简单紧凑、占地面积小。

8.2.2　离心泵的控制

离心泵是目前使用最为广泛的泵产品，广泛使用在石油天然气、石化、化工、钢铁、电力、食品饮料、制药及水处理行业。为经济有效地控制泵输出流量曾一度流行全部使用变频调速来控制输出流量，取消所有控制阀控制流量的形式。目前，有四种广泛使用的方法：调速控制、出口阀开度调节、旁路调节和离心泵的串并联调节。

（1）控制泵的转速

泵的叶轮旋转速度直接决定了提供的能量大小。图 8-18 中曲线 1、2、3 分别表示转速为 n_1、n_2、n_3 时的泵的扬程-流量曲线，且有 $n_1>n_2>n_3$。在一定的管路特性曲线 B 的情况下，减小泵的转速，会使工作点 C_1 移向 C_2 或 C_3，流量相应也由 Q_1 下降到 Q_2 或 Q_3。该方案从能量消耗的角度来衡量最为经济，机械效率较高，但调速机构一般较复杂，所以多用在蒸汽透平驱动离心泵的场合，此时仅需控制蒸汽量即可控制转速。随着离心泵功能的逐渐增加，使用变频器进行频率调节，已成为一种现实可取的调节泵出口流量的方法。

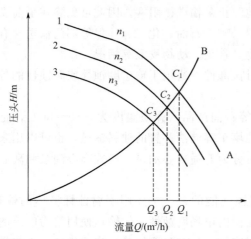

图 8-18　改变泵的转速调流量

（2）控制泵的出口阀门开度

通过改变泵出口阀门开度来控制泵出口流量，如图 8-19 所示。通过手动调节出口阀的开度，可对泵的出口流量进行人工调节。在现代工业生产中，可使用自动化控制手段对出口流量进行精确的调节。其调节过程如下：当干扰作用使被控变量（流量）发生变化偏离给定值时，控制器发出控制信号，阀门动作，控制结果使流量回到给定值。在一定转速下，离心泵的排出量 Q 与泵产生的压头 H 有一定的对应关系。在不同流量下，泵所能提供的压头是不同的，曲线 A 称为泵的流量特性曲线。泵提供的压头又必须与管路上的阻力相平衡才能进行操作，克服管路阻力所需压头大小随流量的增加而增加。此时泵所产生的压头正好用来克服管路的阻力，C_1 点对应的流量 Q_1 即为泵的实际出口流量。

控制泵的出口流量时，调节阀装在泵的出口管路上，而不应该装在泵的吸入管路上。这是因为调节阀在正常工作时，需要有一定的压降，而离心泵的吸入高度是有限的。如果泵的进口端压力过低，可能使液体汽化，使泵丧失排送能力，这叫气缚；或者压到出口端又迅速冷凝，冲蚀严重，这叫气蚀，这两种情况都要避免发生。

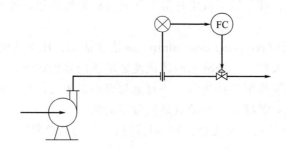

图 8-19　改变泵出口阀门开度调节流量
FC—气动控制阀

（3）旁路调节

将泵的部分排出量重新送回到吸入管路，用改变旁路阀开启度的方法来控制泵的实际排出量。控制阀装在旁路上，压差大，流量小，因此控制阀的尺寸较小。但因为旁路阀消耗一部分高压液体能量，使总的机械效率降低，因而该方案不经济，故很少采用。其控制装置原理图如图 8-20 所示。

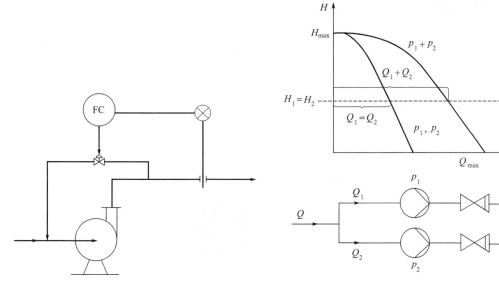

图 8-20　旁路调节改变流量　　　　图 8-21　具有相同性能曲线的两台泵并联

（4）离心泵的串并联操作

为了扩展泵的总体性能，通常串联或并联多台泵。

采用泵并联的情况通常是所需流量大于单台泵所能提供的流量，系统的流量要求可变，并且通过开关并联泵可满足这些要求。通常，并联的泵具有相同的类型和大小。然而，有时泵也可以大小不同，或者一台或多台泵采用速度控制，并因此具有不同的性能曲线。

为了避免没有运行的泵内的旁路循环，每台泵并联安装一个止回阀。多台泵并联组成的系统的总性能曲线是通过将泵在给定扬程下的流量相加确定的。图 8-21 所示为两台相同泵并联的性能曲线。系统的总性能曲线是通过将每个扬程（两台泵的扬程相等，$H_1 = H_2$）所对应的 Q_1 与 Q_2 相加确定的。

通常，在需要高压的系统中采取泵串联。此外，基于串联原理（即一级等同于一台泵）的多级泵也属于这种情况。图 8-22 所示为两台相同泵串联的性能曲线。通过在坐标系中标出每个流量值的两倍扬程，即可得到总性能曲线。这使得曲线具有两倍的最大扬程（$2H_{max}$）以及与单台泵相同的最大流量 Q_{max}。

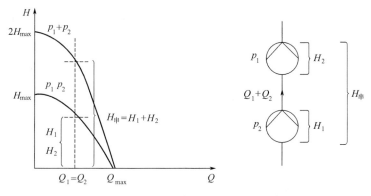

图 8-22　两台相同泵串联的性能曲线

8.3 搅拌、推流系统

搅拌推流系统的作用是对水流进行扰动，从而增强其内部的混合，同时可起到推动水流向前流动的作用。目前工程中最为常用的是潜水搅拌器。以下以潜水搅拌器为主进行介绍。

潜水搅拌器可分为两类：一类是低转速、大转轮的产品，其功能主要表现在推流和水力循环方面，后者称为"推进器"（见图 8-23）；另一类为高转速、小转轮的产品，其作用偏重于混合搅拌，称为"潜水搅拌器"。

图 8-23　推进器

"推进器"适用于对 GT（速率梯度与停留时间的乘积）值没有要求，且池体空间较大，以水力循环、保持流速为目的的处理构筑物中，其转速一般都低于 60r/min，转轮直径为 1200～2500mm，且直径大于 1800mm 的"推进器"最为常用。其具有流场分布较为均匀，流速低缓，但作用范围大的特点。"推进器"的单位池容功率消耗指标，主要取决于池体的水力学设计与"推进器"的效率。

"潜水搅拌器"适用于池体空间小或对 GT 值有一定要求，以混合搅拌为主的处理单元中，其转速一般为 100～1500r/min，转轮直径通常在 900mm 以下，其具有流速高、紊流强烈、流场的流速梯度大、作用范围小的特点。其可应用于如物化处理工艺中的混合池、反应池，生化处理系统中的选择池（selector）、厌氧池等。采用"潜水搅拌器"，单位池容输入的功率较大，使得可选用"潜水搅拌器"的池型很多，该搅拌器对池体的水力学设计要求也不甚严格，因此其应用较为灵活，易于掌握。

在工程应用方面，潜水搅拌器在污水处理领域中主要有以下四方面的用途。

① 水力循环。应用"推进器"进行水力循环是一种高效节能的手段。尤其在污水生化处理中的厌氧池、缺氧池和氧化沟中，其应用十分广泛。由于在这类池中只需提供必要的循环流速，就可以保持池内的混合液呈悬浮状态，使微生物与基质充分接触，因此其池型多采用 Carrousel 池型，通过"推进器"输入的能量，形成连续循环水流。这种设计不仅能有效地保持混合液悬浮，而且由于池内循环水流的流量通常高于进水流量数十倍，甚至上百倍，使池内水流产生了巨大的稀释均化能力，因而这种反应器具有耐受冲击负荷的优良工艺特性。同样在氧化沟设计中，表曝设备兼有充氧与水力循环的双重功能。在工程中因水质和水量变化而需要调整充氧能力时，往往难于兼顾池内的循环流速，导致出现沟内沉泥、积泥的

问题。增设"推进器"便可以有效地解决其积泥问题。而且进行这项技术改造并不复杂，且投资有限。这种设计不仅可以用于生化处理系统中，还可以将其应用到污水排海工程的预处理系统中。在污水泵站前，设置贮水池以均衡出水流量，保证放流管系统的平稳运行。

② 混合搅拌。随着污水生化处理技术的发展，出现了分格、分段处理的工艺。当单格池容较小时，可将每格设计成正方形平面或圆形平面，并在每格中设置一台"潜水搅拌器"。这类反应器的布置方式十分灵活，在圆形池中可以布置任意位置，只要产生的推力与水流方向一致即可。在矩形池中则要布置在池壁的夹角处，设计中应注意水流方向的选择。当单池容积较大（如超过800m³）时，就应当通过技术方案比较来确定是采用"潜水搅拌器"还是"推进器"。一般来说单池容积越大、池面越大，采用"推进器"越经济。

③ 提高传氧效率。在污水生化处理系统中，曝气是维持好氧微生物正常代谢的基本手段，水下曝气系统的传氧效率又与水深有着直接的关系。在曝气池中采用"推进器"将曝气池设计成上述连续循环流池型，就会在循环流速的作用下，改变由曝气头释放"气泡"的路径，增大"传氧水深"，提高传氧效率。采用这种设计通常可使曝气系统的传氧效率提高15%左右，污水处理的能耗与运行费用也随之节省。

④ 水体的水质改善。在许多受到污染的水体和污水处理所用的深度处理塘中，往往会遇到因水深较大，水流滞缓，水体表面复氧不能保证深水区溶氧要求的情况，此时可以设置"潜水搅拌器"进行"人工呼吸"，为深水区复氧，改善整个水体的水质。这种"人工呼吸"技术是一种简单有效的水质改善手段。

潜水搅拌器是一种作用特殊、运行简单可靠、易于安装维护且价格并不昂贵的设备。不论是新建工程项目中，还是在原有项目的改造上，都有着广泛的应用前景。进一步掌握这类设备的技术特性，合理正确地使用这种设备，对于推动我国污水处理行业的技术装备水平有着积极的意义。

8.4 消毒设备及其控制

水体消毒的方法主要有物理消毒和化学消毒两大类，物理消毒中，使用最为广泛的是紫外线消毒。以下主要介绍紫外线消毒设备。

紫外线消毒是利用紫外线所具有的高效、广谱杀灭能力来杀灭水中的细菌、遗传物质、寄生虫、原生动物等，达到水净化和消毒的目的。紫外线消毒技术具有高效、广谱、廉价、长寿、无需添加任何物质、不产生任何二次污染的特点，近几年来以其独特的优越性在水处理领域备受青睐，越来越广泛地应用于饮用水、工农业、食品、制药行业生产用水、工业回用水及污水等的灭菌消毒处理。目前污水处理厂的尾水消毒，相当数量采用了紫外线消毒设备进行消毒处理。

紫外线消毒效果取决于水中细菌病毒可接受到的紫外线剂量（紫外线强度和照射时间乘积）。紫外线消毒系统工作时，需处理的水按设计要求的流速流过消毒模块，特制高效紫外灯辐射出强紫外线光线（波长253.7nm）。当紫外线剂量达到一定量时，紫外光能量使水中的细菌、病毒以及其他致病体的DNA内部结构遭到破坏，失去活性而杀灭，水质得到消毒净化。

紫外线消除技术使用条件：水温 5～50℃；周围相对湿度不大于 93％（温度 25℃时）；使用环境温度 −5～50℃；进入消毒设备的污水要求 ICM（清晰度计）的透射率（T_{254}）为 40％；其他要求满足国家《城镇污水处理厂污染物排放标准》（GB 18918—2002）中的二级标准；电压，交流电 220V±10V，50Hz。

8.4.1 紫外消毒设备基本组成

开放式紫外线污水消毒系统采用模块化设计，根据用户实际需求、水处理量与不同水质特点等因素选用相应功率和数量的紫外消毒模块，使用时将紫外消毒模块置于消毒渠内，外加各种控制模块即可构成消毒系统，使用与维护方便。

紫外消毒模块设备一般都会配备 0.5t 微型起吊设备，用于排架维修、维护时的吊装。

（1）紫外消毒模块

紫外消毒模块以开放式紫外线消毒排架（以下简称为排架）为基本单位。排架主要由不锈钢框架、紫外灯、玻管、清洗架、气缸、电缆及各种密封件紧固件等组成。

（2）空压机与气动装置

设备配备有气动控制柜、空压机与水雾分离器。在气动控制柜内装有气源处理元件和气动控制元件，气动装置的气管与排架相连，在设定时间对玻管进行自动或手动清洗。

（3）镇流器电箱

镇流器电箱主要安装给灯管启动供电的镇流器，每个镇流器对应一个灯管。每台镇流器电箱还会配备一台空调作散热用。

（4）安装与遮光附件

由安装梁与遮光板组成，为不锈钢 304 材料制成，可组装成安装框架，用于放置 NLQ 紫外消毒模块。

（5）水位控制装置

水位控制装置主要的功能是确保水位漫过排架第一支灯管，且漫过的水位不得超过第一支灯管 6cm，以确保最佳的消毒效果。目前采用的水位控制装置主要包括固定式溢流堰、电动溢流堰门、拍门等。

（6）中央控制柜

中央控制柜主要由人机界面、PLC、回路控制元器件、数据采集通讯板、数据检测板等构成。整个系统控制以及数据采集显示均集成在人机界面上，并可提供扩展模块，实现远程智能控制。

8.4.2 系统维护和保养

（1）玻璃套管表面清洗

为了确保设备消毒效果，必须定期（根据现场实际情况间隔 1～3 个星期时间）对排架的玻璃套管进行人工清洗。具体步骤如下。

① 拔下排架重载插头并用干净的袋子包好，将排架用吊车吊起放置在维修车上；

② 将挂在排架上面的杂物清理干净；

③ 用清洗剂（弱酸或市售玻璃清洗液等）喷洒在玻璃套管表面上；

④ 清洗人员戴上橡胶手套用抹布擦洗玻璃套管表面；

⑤ 将玻璃套管表面的污垢清洗掉后再用清水冲洗玻璃套管表面；

⑥ 清洗完毕后用吊车将排架装入安装框架，并接好重载接插件。

（2）气动清洗操作

系统清洗控制方式有手动和自动两种模式，均可在触摸屏上操作设定。

① 自动清洗：当设定为自动清洗时，每隔 4h，排架的气缸会逐一依次伸出缩回 1 次，并不断循环运动；清洗时间可根据污水水质情况进行调整。

② 手动清洗：当设定为手动清洗时，排架气缸会逐一依次伸出缩回 1 次，即停止。

③ 气缸运行速度调速方法：气缸调速是调节安装在气动控制柜内的单向节流阀，采用排气节流调速。可减少慢速时振动、爬行现象。顺时针旋转单向节流阀旋钮时，气缸前进或后退速度减慢；逆时针旋转单向节流阀旋钮时，气缸前进或后退速度变快。一般气缸运行速率调在 60～150mm/s，太快会引起冲击，太慢会引起爬行现象。

④ 气缸运行压力：气缸最低运行压力为 $4kgf/cm^2$（$1kgf/cm^2 = 98.0665kPa$，后同），系统管路压力调在 $5kgf/cm^2$ 左右，通过推压式调节旋钮进行调压，调压时往上拉动推压式调节旋钮并旋转旋钮进行调压，压力调好后压下旋钮，此时过滤减压阀锁定所需的压力供系统使用。

（3）清洗系统保养

① 水雾分离器为手动排水型（常闭）。当滤杯水位达到 1/3 高度时必须旋转其杯体底部旋钮进行手工排水以提高水雾分离能力。

② 必须定期检查过滤减压阀的压力是否符合规定，观察过滤杯内的积水情况，当积水达到一定量时，过滤减压阀会自动摊水，以保障系统正常运行。

③ 使用前检查箱内油位是否保持在指定范围内，不够则要加至适当位置。

④ 每周打开储气罐泄水阀排除桶内积水。

⑤ 定期清洁气缸拉杆确保排架清洗顺畅，不得出现排架清洗爬行、卡住现象。

⑥ 定期检查所有空气管路系统是否有漏气。

（4）镇流器箱与中央控制柜的保养和维护

① 每天必须检查镇流器箱的空调运行情况，保证空调制冷效果。

② 定期清除电控柜表面的灰尘。

③ 每天检查记录中央控制柜人机界面各个检测数据（包含电流、电压、灯管工作状态、柜内温度、紫外光强、自动清洗状态等）是否正常。

④ 每天检查镇流器运行情况，确保每个镇流器正常工作。

⑤ 定期检查柜内各个连接线是否出现老化或脱落情况等。

8.5 【实训项目】离心泵的安装与维护实训

离心泵主要由泵体、泵盖、椭圆壳体、叶轮、机械密封、轴承座等组成。见图 8-24。

8.5.1 离心泵的工作原理

驱动机通过泵轴带动叶轮旋转产生离心力，在离心力作用下，液体沿叶片流道被甩向叶轮出口，液体经蜗壳收集送入排出口。液体从叶轮获得能量，使压力能和动能均增加，并依靠此能量将液体输送到工作地点。

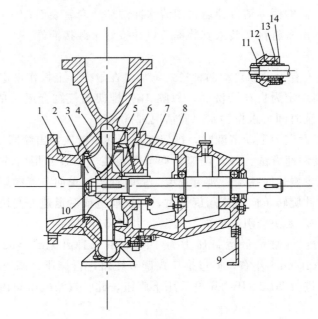

图 8-24 离心泵结构示意图

1—泵体；2—叶轮；3—轴；4—轴套；5—密封环；6—泵盖；
7—填料密封；8—悬架部件；9—悬架支架；10—叶轮螺母；
11—机封轴套；12—机械密封；13—密封垫；14—机封压盖

在液体被甩向叶轮出口的同时，叶轮入口中心处形成了低压，在吸液罐和轮中心处的液体之间就产生了压差，吸液罐中的液体在这个压差作用下，不断地经吸入管路及泵的吸入室进入叶轮中。

8.5.2 安装前检查准备工作

（1）零部件检查及准备

① 泵和电动机的零部件完整齐全，质量符合要求。

② 仪表、安全装置、调节装置齐全，灵敏，准确。

③ 管线、管件、阀门、支架等安装合理，牢固，标志分明。

④ 基础、机座稳固可靠，地脚螺栓连接紧固，齐整。

⑤ 安全防护装置齐全，可靠。

⑥ 防腐、保温、防冻设施完整有效。

（2）运行性能要求

① 运转平稳，无松动、杂音和异常振动。

② 各部温度、压力、转速、流量、电流等运行参数符合规定要求。

③ 设备润滑良好，润滑系统畅通，油质符合规定。

④ 生产能力达到铭牌出力或查定能力。

（3）设备及环境要求

① 设备清洁，外表无灰尘，无油垢。

② 基础及环境整洁，无积水，无油垢。

③ 设备及管线无"跑、冒、滴、漏"。

（4）技术资料整理要求

① 设备档案、检修及验收记录齐全。

② 设备易损配件有图纸。

③ 设备操作规程、维护检修规程齐全。

8.5.3　安装

（1）安装前的准备

① 为防止泵运行时损坏叶轮，泵同管路系统连接前，必须将管路的铁锈、焊渣等污染物清除干净，如管路中存在上述污物无法清洗时，必须在泵的进液口法兰上夹装相应滤网，使泵试运行到适当的时候，把滤网拆下再投入生产。

② 检查底板尺寸。

③ 安装前土建必须交付设备基础浇筑的相关资料，包括基础的外形尺寸，基础的标高、相对位置尺寸、中心线等以及基础的质量报告，并在现场标注中心线及标高。

（2）安装与校正

① 安装前施工人员必须做好设备基础及核实工作，包括基础的标高、水平、螺栓孔的深度、相对位置及中心线等，要准备好充足的垫铁。

② 将泵底座放在平整的基础上，并且用螺栓将其固定在泵座上，然后将泵座用螺栓拧紧。

③ 将泵和电机放在泵座上，并且用螺栓将其初步固定在泵座上，然后调整泵轴同电机轴的同轴度，保证为 0.1mm，再将螺栓拧紧。

④ 泵同管路系统连接前，必须检查接口处法兰间的错位程度，使其错位不大于 5mm。

⑤ 泵进出口管路重量不得由泵承受，以免将泵压坏。

8.5.4　设备的维护与故障处理

（1）日常维护

定期（操作工每次现场巡检）应检查泵的出口压力、电流、轴承温升及振动情况，按时填写运转记录和设备巡查记录。

定期（操作工每次现场巡检）应检查油杯内是否充满润滑油，并按设备润滑要求做好润滑油的添加或更换工作。

定期（操作工每次现场巡检）应检查冷却水的温度及水量，并做好记录。

定期（操作工每次现场巡检）应检查主机运转是否平稳，有无异常声响，各部连接螺栓与地脚螺栓有无松动现象，做好设备日常检查维修记录。

检查设备、工艺管线的静、动密封点有无泄漏现象。

停用泵 8h 内必须盘车 3～5 圈，并做好记录。

及时处理发现的各种设备缺陷并做好记录，处理不了的及时报告。

每班做好设备的清洁工作。

（2）常见故障及处理方法

见表 8-1。

表 8-1　离心泵常见故障及处理方法

序号	故障现象	故障原因	处理方法
1	流量扬程降低	1. 泵内或吸入管内有气体 2. 泵内或管路有杂物堵塞	重新灌泵,排除气体,检查清理
2	电流超高	转子与泵体摩擦	解体修理
3	振动值增大	1. 泵轴与原动机对中不良 2. 轴承磨损严重 3. 转子部分不平衡 4. 地脚螺栓松动 5. 泵抽空 6. 轴弯曲 7. 泵内部摩擦 8. 转子零件松动或破损 9. 叶轮中有异物	重新对中 检查更换 重新调整 重新拧紧地脚螺栓 立即停泵,杜绝空泵运转 重新校正更换 拆泵检查消除摩擦 更换检查消除紧固 检查消除异物
4	机械密封泄漏严重	1. 机械密封损坏或安装不当 2. 封液压力不当 3. 操作波动大 4. 泵轴与原动机对中不良 5. 轴弯曲或轴承损坏	检查更换 调整 稳定操作重新校正校验 找正 更换
5	轴承温度过高	1. 轴承箱内油过少或太脏 2. 润滑油变质 3. 轴承冷却效果不好 4. 转子不平衡或偏心 5. 轴承损伤	加油换油 换润滑油 检查调整 检查消除 检查更换
6	泵输不出液体	1. 总扬程与泵额定扬程不符 2. 管路漏气 3. 泵转向不对 4. 吸入扬程过高或灌注高度不够 5. 泵内或管路内有气体	换泵 检查消除 调整转向 降低安装,增加入口压力 灌泵排气

8.5.5　试车与验收

（1）试车前准备

① 检查检修记录，确认检修数据正确。

② 单试电机合格，确认转向正确。

③ 润滑油、封油、冷却水等系统正常，零附件齐全好用。

④ 盘车无卡涩现象和异常声响，轴封渗漏符合要求。

（2）试车

① 离心泵严禁空负荷试车，应按操作方式进行负荷试车。

② 滑动轴承温度不大于 65℃，滚动轴承温度不大于 70℃。

③ 轴承振动标准见 SHS 01003—2004《石油化工旋转机械振动标准》。

④ 运转平稳、无杂音，封油、冷却水和润滑油系统工作正常，泵及附属管路无泄漏。

⑤ 控制流量、压力和电流在规定范围内。

8.6 【实训项目】风机的安装与维护实训

8.6.1 风机分类

（1）按风机工作原理分类

按风机作用原理的不同，风机可分为叶片式风机与容机式风机两种类型。叶片式是通过叶轮旋转将能量传递给气体；容积式是通过工作室容积周期性改变将能量传递给气体。两种类型风机又分别具有不同型式：

$$\text{叶片式风机}\begin{cases}\text{离心式风机}\\\text{轴流式风机}\\\text{混流式风机}\end{cases} \qquad \text{容积式风机}\begin{cases}\text{往复式风机}\\\text{回转式风机}\end{cases}$$

（2）按风机工作压力（全压）大小分类

① 压缩机：工作压力范围为 $p > 196120Pa$，或气体压缩比大于 3.5 的风机，如常用的空气压缩机。

② 鼓风机：工作压力范围为 $14710Pa < p < 196120Pa$。压力较高，是污水处理曝气工艺中常用的设备。

③ 通风机：风机额定压力范围为 $98Pa < p < 14710Pa$。一般风机均指通风机而言，也是本节所论述的风机。通风机是应用最为广泛的风机，空气污染治理、通风、空调等工程大多采用此类风机。

④ 风扇：风机额定压力范围为 $p < 98Pa$。此风机无机壳，又称自由风扇，常用于建筑物的通风换气。

空气加压设备一般选用鼓风机，城市污水处理厂使用的鼓风机经历了往复式风机、罗茨风机、离心风机、轴流式风机等过程。离心风机、回转式鼓风机见图 8-25。

(a) 离心风机

(b) 回转式鼓风机

图 8-25　回转式鼓风机

8.6.2 风机的安装和使用

① 安装前应注意的事项

　　a. 按装箱单清点风机的附件、配件的规格、数量等。

　　b. 应检查风机的规格、型号、叶轮的旋转方向、配用电动机等是否符合要求。

　　c. 详细检查风机各部分是否因包装运输损坏变形，传动是否灵活等，如有损坏变形，待修理妥善后，方可进行安装。

　　② 安装时应注意的事项

　　a. 应检查机壳及其他壳体内不应有掉入的和遗留的工具、杂物等。

　　b. 用手或工具扳动叶轮，检查风机叶轮转动是否灵活，有无"鳖劲"或"卡住"现象，如发现应及时排除。

　　c. 在一些接合面上，为了防止生锈，减少拆装困难，应涂上一些润滑脂或机械油。在安装接合面的螺栓时，如有定位销钉，应先上销钉拧紧后，再拧紧螺栓。

　　③ 安装风机的进、出口管道，禁止管道等部件的重量承受在风机上，以免影响风机的安装质量要求，必要时管道应加装支撑。

　　④ 进、出口管道应确保严密不漏气。

　　⑤ 仪表应装在明显的位置，电气应装信号装置，防止突然故障而使风机损坏。

　　⑥ 风机安装后，试拨传动组，检查是否有过紧或与固定部分碰撞现象，发现过紧或碰撞之处必须调整好。

　　⑦ 使用单位应当设法将通入风机中的煤气预先净化，否则，将会引起化学作用，产生腐蚀或煤焦油过多，影响正常运转，甚至造成破坏事故。

　　⑧ 叶轮的平衡性除了动平衡试验外，还取决于本身放置位置是否平稳，基础是否牢固，电动机是否运转平衡以及叶轮是否不均匀的磨损。

　　⑨ 风机安装结束（或长时间停车），应先用空气进行试运转以证实其完全正常，再输送煤气。

　　⑩ 运转前的准备工作

　　a. 检查机器各部分是否紧固和清洁。

　　b. 进行空气试车时应保证煤气管道密闭，只允许将风机部分通向大气。

　　c. 检查进出口调节阀门是否灵活，各种仪表开关是否正常，安全防护设施是否安装完毕。

　　d. 风机按照电动机的要求接上电源。

　　e. 检查风机运转过程中是否有摩擦、碰撞现象。

　　f. 检查风机各部分润滑油是否足够。

　　⑪ 启动

　　a. 渐渐地打开出口阀门和进口阀门到需要程度，应注意电动机是否过载，如电动机过载应控制进出口流量，不得超过规定。

　　b. 仔细倾听风机内部是否有不正常的摩擦声。

　　c. 仔细注意机器有无振动或不正常的噪声，如有振动或不正常的噪声应立即停车检查原因。

　　d. 检查轴承温升是否正常，一般不超过室内温度（35～40℃），轴承表温最高不大于65℃。

e. 检查进出口管道的严密性和各种仪表使用是否正常。

8.6.3 风机的维护和检修

为了避免由于维护不当而引起人为故障发生，预防风机及电机各方面自然故障的发生，确保风机的正常运转，充分发挥设备的效能，延长风机使用寿命，必须加强对风机的维护。

（1）维护工作注意事项

① 只有风机设备完全正常的情况下方可运转。

② 如果风机设备在检修后开动，则应注意风机各部位是否正常。

③ 停车后，要立即用蒸汽冲洗叶轮及机壳内部的灰尘、污垢等杂质。

④ 为了确保人身安全，风机的维护必须在停车时进行。

（2）风机正常运转中的注意事项

① 基础和机器有无振动。

② 如发现流量过大，不符合使用要求，或短期内需要较少的流量，应调节进出口阀门以保证进口保持正压，以达到使用要求。

③ 对轴承箱的温度计及油标的灵敏性应定期进行检查。

④ 在风机的开车、停车或运转过程中如发现不正常现象，应立即进行检查。

⑤ 对于检查发现的小故障，应及时查明原因，设法消除或处理，如小故障不能消除，或发现大故障时，应立即停车进行检修。

⑥ 按使用步骤投入运行，一般规定在新装风机使用100h后即将润滑油换过。

⑦ 风机安装使用后，每台风机都应建立设备维修保养记录，以此为基础进行定期检修。设备维修保养记录上应注明风机及电动机的主要规格、制造厂名、进货日期等主要项目，同时还应记入每次定期维修保养时的检修记录。

8.6.4 风机主要故障及原因

（1）轴承箱振动剧烈

① 机壳或进风口与叶轮摩擦；

② 基础的刚度不够或不牢固；

③ 叶轮轴盘孔与轴配合松动；

④ 叶轮铆钉松动或轴盘变形；

⑤ 风机进出口管道安装不良，产生共振；

⑥ 轴承箱与支架、轴承座与轴承盖等连接螺栓松动；

⑦ 叶片磨损，叶片上有积灰、污垢，轴弯曲使转子产生不平衡。

（2）轴承温升过高

① 轴承箱振动剧烈；

② 轴承箱盖连接螺栓的紧力过大或过小；

③ 润滑油质量不良、变质或含有灰尘、砂粒、污垢等杂质或填充量过多；

④ 滚动轴承损坏或轴弯曲；

⑤ 轴与滚动轴承安装歪斜，前后两轴承不同心；

⑥ 毡圈过紧使轴发热；

⑦ 润滑脂加注过多。

（3）电动机电流过大和温升过高

① 开车时进气管道内闸门或节流阀未关严，即带负荷启动；

② 风机输入的气体密度过大或温度过低使压力过大；

③ 流量超过规定值，或风管漏气；

④ 电动机输入电压过低或电源单相断电；

⑤ 受轴承箱剧烈振动的影响。

8.7 【工程实例】某污水处理厂建设工程

8.7.1 工程概况

某水务有限公司成立于 2009 年 8 月 28 日，注册资金 400 万元人民币（一期），为某环保有限公司的全资子公司，于 2009 年 9 月获得花都区某污水处理厂的特许经营权。此污水处理厂占地面积 103.5 亩，处理规模为 4.9 万吨/日（远期为 10 万吨/日），特许经营期 25 年。该项目于 2009 年 7 月开始动工，计划于 2010 年 6 月建成投产。

某污水处理厂进水包括生活污水和工业污水两部分，根据可行性研究报告中污水量预计：生活污水量和工业污水量约各占 50%，其中工业污水均经过预处理，纳管标准执行《污水排入城市下水道水质标准》（GB/T 31962—2015）及《污水综合排放标准》（GB 8978—1996）。

按《某镇污水处理厂可行性研究报告》，根据生活污水水质和工业污水水质预测结果，以及生活污水和工业污水所占的比例，某污水处理厂的进水水质，详见表 8-2。

表 8-2　某污水处理厂的进水水质

指标	CODCr	BOD5	SS	TN	氨氮	TP
浓度/(mg/L)	300	180	180	40	30	4

某污水处理厂出水水质执行《城镇污水处理厂污染物排放标准》（GB 18918—2002）中的一级 B 排放标准和广东省地方排放标准《水污染物排放限值》（DB 44/26—2001）第二时段一级标准两者之中较严的标准，其主要出水水质等指标见表 8-3。

表 8-3　某污水处理厂的出水水质

指标	CODCr	BOD5	SS	TN	氨氮	TP	粪大肠菌群数
浓度/(mg/L)	≤40	≤20	≤20	≤20	≤8(5)	≤0.5	≤10⁴ 个/L

8.7.2 污水处理工艺流程

见图 8-26。

8.7.3 相关处理单元与主要设备

污水处理厂主要处理单元有粗格栅、生化池、二沉池等，各污水处理单元及设备见表 8-4。

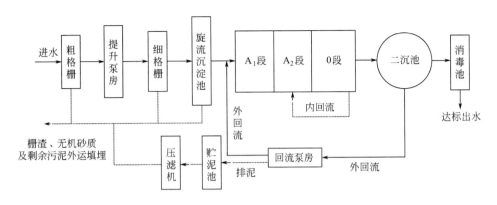

图 8-26 某污水处理厂工艺流程图

表 8-4 污水处理单元与主要设备

污水处理单元	主要设备
粗格栅及进水泵房	格栅除污机、提升泵、螺旋输送机、各种阀门闸门
细格栅及旋流沉砂池	转鼓式细格栅、旋流沉砂池搅拌机气提系统以及砂水分离器
生化池	曝气头、潜水搅拌机、回流泵
鼓风机房	鼓风机、各种空气阀
二沉池	刮吸泥机、闸门
二沉池污泥泵房	回流污泥泵、剩余污泥泵
浓缩池	污泥浓缩刮泥机
紫外消毒池	紫外消毒系统
污泥脱水车间及加药间	污泥脱水机、加药搅拌机、加药泵、进泥泵及其余脱水机配套设备

8.7.4 该工程项目设备常见问题及其处理措施

见表 8-5～表 8-8。

表 8-5 机电设备类故障及处理措施

编号	设备类型	故障现象	可能原因	处理措施
1	电机	1. 无法启动	无电源或接线脱落	检查电源及线路
		2. 运行中电流过小或过大	负载端故障	检查负载情况
		3. 温升过大	轴承或负载过大	检查轴承或负载端
		4. 噪声明显	基础不牢固；轴承问题；负载端故障	加固固定装置；检查轴承；检查负载端
		5. 转向错误	电源三相调乱	调整相序
		6. 运行中电压升高	电源故障，负载端故障	检查电源或负载端
2	螺旋细格栅除污机	1. 走动轮在导轨内卡住	轴承故障	检查轴承
		2. 整机抖动	基础或紧固螺栓不牢固	加固基础；拧紧紧固螺栓
		3. 冲洗水压力不足	水压不足	增大水压，调节阀门
3	螺旋输送机	1. 桨叶与槽体发生卡阻	传动杆偏移	调整桨叶位置
		2. 传动过程有抖动	基座不牢固	紧固基座
		3. 渣料外溢	接口未能对上	调整接口位置
4	旋流搅拌器	1. 桨叶松脱	未能上紧	重新紧固
		2. 整体抖动	基座不牢固	紧固基座

编号	设备类型	故障现象	可能原因	处理措施
5	水平管式吸泥机	1. 刮泥板有卡位、突跳现象	池底坡度不合理;刮板有松脱	调整刮板
		2. 撇渣板有卡位、突跳现象	未紧固;位置偏移	重新紧固;调整撇渣板位置
		3. 中心支座传动故障	传动电机故障	检查传动电机
6	离心鼓风机	1. 压力过高或过低	进出风口调节不当;叶轮有磨损	调节进出风口;更换叶片、叶轮
		2. 机壳过热	在调节阀关闭情况下长时间运转	停机冷却或打开调节阀降温
		3. 风机振动	基础不牢固;联轴器故障;叶轮故障	加固基座;调整联轴器;修理叶轮

表 8-6　泵类设备常见故障及处理措施

故障现象	可能原因	处理措施
启动后水泵不输水	1. 吸水管路不严密,有空气漏入	检查吸水管路
	2. 泵内未灌满水,有空气存在	重新灌水,开启放气门
	3. 水封水管堵塞,有空气漏入	检查和清洗水封水管
	4. 安装高度太高	提高吸水池池位或降低水泵和水井水面间的距离
	5. 电动机转速不够	检查电源电压和周波是否降低
	6. 电动机旋转方向相反	调整相序
	7. 叶轮及出水口堵塞	检查和清洗叶轮及出水口
运行中电流减少	1. 转速降低	检查原动机及电源
	2. 安装高度增加	检查吸水管路,吸水面
	3. 空气漏入吸水管或经机械密封进入泵内	检查管路及机械密封
	4. 吸水管和压水管路阻力增加	检查管路及管路中可能堵塞之处或管路过小
	5. 叶轮堵塞	检查和清洗叶轮
	6. 叶轮的损坏和密封环的磨损	清洗过滤网
	7. 进口滤网堵塞	降低吸水端的位置
	8. 吸水管插入吸水池深度不够,带空气入泵	增加插入吸水池深度
运行中压头降低	1. 转速降低	检查原动机及电源
	2. 水中含有空气	检查吸水管和机械密封
	3. 压力管损坏	关小压力管阀门,并检查压力水管
	4. 叶轮损坏和密封磨损	拆开修理,必要时更换
原动机过热	1. 转速高于额定转速	检查原动机及电源
	2. 水泵流量大于许可流量	关小压水管上阀门
	3. 原动机或水泵发生机械磨损	检查原动机和水泵
	4. 水泵装配不良,转动部件与静止部件发生摩擦或卡住	停泵,用手转动,找出摩擦和卡住的部件,然后加以修理或调整
	5. 三相电动机有一相保险丝烧断或电动机三相电流不平衡	更换保险丝或检修电动机
水泵机组发生振动和噪声	1. 装置不当	检查机组联轴器和中心以及叶轮
	2. 叶轮局部堵塞	检查和清洗叶轮
	3. 个别零件机械损伤	更换零件
	4. 吸水管和压水管的固定装置松动	拧紧固定装置
	5. 安装高度太高,发生气蚀现象	停用水泵,采取措施以减少安装高度
	6. 地脚螺栓松动或基础不牢固	拧紧地脚螺栓,如果基础不牢固,可加固或修理

续表

故障现象	可能原因	处理措施
轴承发热	1. 轴瓦接触不良或接触不适当	进行检修校核
	2. 轴承磨损或松动	仔细检查,进行修理和调整
	3. 油环转动不灵活,油量太少或供油中断	检查或更新油环,使润滑系统畅通
	4. 转子中心不正,轴弯曲	进行校正或更换油
	5. 油质不良或油内混有杂物	更换油质,或将油滤过处理,清洗轴承和油室
	6. 轴承尺寸不够	改造轴承
管路发生水击	水泵或管路中有空气	放出空气,清除积聚空气的原因

表 8-7　阀门类常见故障及处理措施

故障现象	可能原因	处理措施
渗漏量过大	密封不良	调整阀门和阀板的密封
不能顺畅地起闭	重合度不适当	调整启闭机与闸门的重合度
限位失灵	行程开关故障	检查、调整行程开关

表 8-8　管道类常见故障及处理措施

故障现象	可能原因	处理措施
连接处渗漏	连接时未能良好密封	重新套接
管体泄漏	管件有本质性问题	更换管件
管件堵塞	管线内有杂质未清理出来	清理管线内杂物

8.8 【拓展提高】

8.8.1 环保机械设备发展现状

随着人民生活水平的提高,其对环境保护的意识显著增强,进入 21 世纪,我国对环境保护的力度大大增加,与此相伴发展的是中国的环保设备产业。环保设备是指用于控制环境污染、改善环境质量而由生产单位或建筑安装单位制造和建造出来的机械产品、构筑物及系统。

（1）我国现有的环保机械分类

我国现有的环保机械包括净水类、原水处理类、污水处理类、除尘类、净化类、过滤除尘类、公共环卫类、清洗类和环保通用类。其中净水设备是对自来水进行再处理,使净化过的水能够直接用于饮用;原水处理设备是将自然水源进行处理,将水中的杂质进行过滤去除;污水处理设备是对生活或生产的废水进行处理,使其能够达到排放要求,不会对环境造成影响;除尘类的主要作用是除去灰尘或杂质,比较常见的除尘类机械是家用吸尘器或袋式除尘器等机械;净化设备用于消除和净化空气中的异味或其他物质,如冷风机、环保空调、除湿机等都属于净化类设备;过滤除尘设备是为了将油或其他流质液体中的杂质进行过滤以提高机械的使用寿命;公共环卫设备是我们日常生活中最常见的机械,如垃圾中转站、焚烧炉等都是公共环卫设施的代表;清洗设备和环保通用设备主要有保证环境美观整洁作用的机械。

（2）环保机械的发展现状

我国的环保设备行业起步于 20 世纪 60 年代,目前在大气污染治理设备、水污染治理设备和固体废物处理设备三大领域已经形成了一定的规模和体系。经过多年发展，环保设备已成为我国环境保护的重要物质基础，在战略性新兴产业中居于重要位置。

近年来，在相关政策的带动下，我国环保设备市场需求量再次得以增长，除尘设备、燃煤烟气脱硫设备、城市污水处理设备持续热销，生活垃圾处理设备、脱销设备也高速增长。2017 年 1～7 月，我国环境污染防治专用设备累计产量达到 44.40 万台，同比增长 8.05%；销量约为 43.27 万台，同比增长 7.25%，见图 8-27。

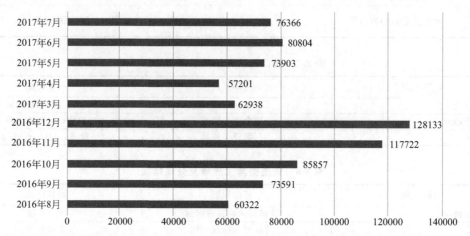

图 8-27　2016 年 8 月～2017 年 7 月中国环境污染防治专用设备产量统计（单位：台）

前瞻产业研究院发布的《2018～2023 年中国环保设备行业市场前瞻与投资战略规划分析报告》数据显示，2016 年环保设备行业销售收入达到了 3327.04 亿元，相比上年增长3.28%。另外，从 2011 年到 2016 年，环保设备行业利润总额从 1087.69 亿元增长到2392.81 亿元，且仅有 2015 年出现下滑，其余年份均实现同比增长，反映出行业良好的经营态势。见图 8-28、图 8-29。

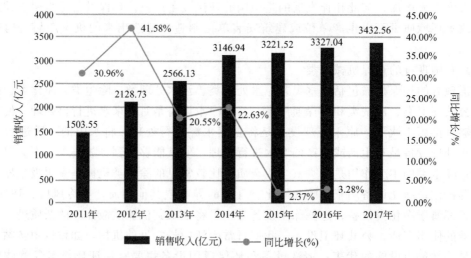

图 8-28　2011～2017 年环保设备行业销售收入变化情况

规模扩大的同时，我国环保装备产业的技术也不断进步，突出表现为进口替代效果明显，自主产品的市场占有率逐渐提高，发展前景日趋明朗。

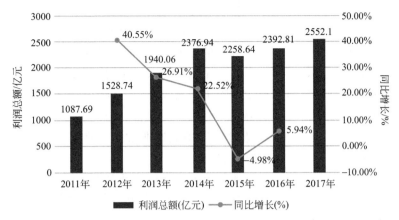

图 8-29　2011～2017 年环保设备行业利润总额变化情况

近几年，我国的环保机械工业有着十分显著的成效，环保机械的整体效益逐年增长，与现阶段的市场需求基本吻合，随着我国科学技术的不断发展，废汽车拆卸生产线、城市污水处理厂、城市垃圾处理厂等新型环保机械相继产生，其中的污水处理等设备已发展到了相当成熟的阶段，但与其他国家先进的环保机械相比仍存在着一些问题，很多企业一味追求经济利益，盲目扩大生产，导致企业运营资金严重短缺，在环保机械的购入和使用上无法投入更多的财力，再加上市场的激烈竞争等其他原因，导致企业无法充分地利用现有的资源对人才和设备进行更新和调整，这些都是阻碍环保机械进一步发展的主要因素。

8.8.2　环保机械设备发展的趋势

环保机械是推动我国环境保护事业的主要力量，只有选择并坚持正确的发展方向，才能让我国的环保机械按照健康良好的趋势向前继续迈进，不断研发先进的技术和设备是环保机械保持生命力的关键，对环保机械的开发也要从水污染、空气污染、环境污染等多个方面同时着手，只有将环境污染中的难点各个击破，才能从整体上提升我国的环境质量。

（1）大气污染和水污染治理设备

水污染的防治是采用污水生物处理技术或光氧化技术，运用污水深度处理等技艺对水污染等问题进行把控。同时，由于技术的革新，效能好、价格优势大、能实现自动化控制的设备也是今后的另一大发展趋势。

近几年我国多个城市出现严重的雾霾天气，严重威胁人们的身体健康，雾霾天气也是十分典型的大气污染代表，大气污染的防治主要在于应用高效率、低耗材和低耗能的除尘设备。另外，由于 VOCs 治理问题凸显，因而开发高效低成本实用性强的去除 VOCs 的大气治理设备也是当今环保设备公司的一大主要研发方向。

（2）环境监测器和资源综合利用设备

高精准和可靠性强的传感器设备是环境监测器的发展趋势，这种设备将电、机和光这三种要素结合在一起组成监测仪器的各个构建，使环境监测器具有耐腐蚀、防爆等多个优势；资源综合利用设备的重点是建立一套完善的资源综合利用体系和标准规则，对资源的开发、开采和消耗，以及资源的产生和实际消费等每一个环节的资源利用进行详细研究，最大限度地满足经济循环发展的要求。

（3）固体废物和噪声与振动控制的技术与设备

固体废物也就是人们常见的生活和生产的固体垃圾。因此，在平时的固体废物处理中我们既要对数量进行把控，又要达到国家规定的标准，选择无害化的技术与设备，并对危险废物进行妥善处理。除此之外，要特别注意用正确的技术对废旧电子产品进行处理。现有的低噪声技术和设备利用的是高噪声机械中的噪声与振动控制，以及道路交通隔声设计和隔声屏障，这些也是未来噪声控制的发展趋势。

根据工信部公布的《关于加快推进环保装备制造业发展的指导意见》的总体任务和目标，未来我国环保设备行业将呈现以下趋势：

首先，规模迅速扩大。在国家环保政策的大力支持及环保投资的日益增长下，我国环保设备行业规模将继续扩大，市场空间持续扩容，预计到 2023 年，我国环保设备行业产值将有望超过 9500 亿元。见图 8-30。

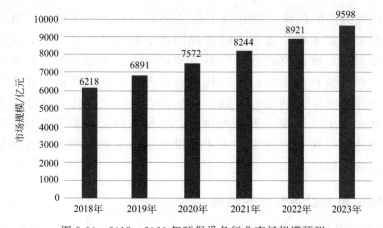

图 8-30　2018~2023 年环保设备行业市场规模预测

其次，技术水平大幅提升。行业未来将以突破关键共性技术为目标，以行业关键共性技术为依托，以产业链为纽带，培育创建技术创新中心、产业技术创新联盟。引导企业沿产业链协同创新，推动形成协同创新共同体，实现精准研发，攻克一批污染治理关键核心技术装备以及材料药剂。

第三，生产智能化、绿色化。环保设备行业将智能制造和信息化管理水平，实现生产过程精益化管理。同时，加大绿色设计、绿色工艺、绿色供应链的应用，开展生产过程中能效、水效和污染物排放对标达标，创建绿色示范工厂，提高行业绿色制造的整体水平。

第四，产品多元化、品牌化发展。企业将逐步开发形成针对不同行业、具有自主知识产权的成套化、系列化产品，针对环境治理成本和运行效率，重点发展一批智能型、节能型先进高效环保装备，根据用户治理需求和运行环境，打造一批定制化产品。同时，加强环保装备产品品牌建设，建立品牌培育管理体系，推动社会化质量检测服务，提高产品质量档次，提升自主品牌市场认可度，提高品牌附加值和国际竞争力。

第五，差异化、集聚化融合发展。龙头企业将向系统设计、设备制造、工程施工、调试维护、运营管理一体化的综合服务商发展，中小企业则向产品专一化、研发精深化、服务特色化、业态新型化的"专精特新"方向发展，形成一批由龙头企业引领、中小型企业配套、产业链协同发展的聚集区。

最后，拓展国际市场。环保设备企业将通过技术引进、合作研发、直接投资等方式参与海外环保工程建设和运营，采取优势互补、强强联合形式，积极拓展国外市场，实现国际化对接。

环保机械对我国全面推进环境保护工作有着至关重要的作用，在我国环境问题日益严重的今天，很多城市长期被雾霾天气影响，不仅威胁人们的生活环境，更加威胁着人们的身体健康，因此，环保机械的创新和研发应是目前我国环境保护工作中的重点内容，充分并合理地应用环保机械，不仅能够最大限度地减少传统机械对环境的影响，而且能够极大地促进我国环保事业的发展，环保机械是我国可持续发展的最好代表，其发展前景十分乐观，因此，要加大对环保机械的研发力度，为我国的环境保护事业打下坚实的基础。

试题练习

1. 雨水防汛站常用（　　）泵。

A. 离心泵　　　　B. 混流泵　　　　C. 轴流泵　　　　D. 螺旋泵

2. 下列关于离心式水泵启动后不出水的原因表述错误的是（　　）。

A. 水泵引水不足，泵内及吸水管内未充满水

B. 水泵旋转方向不对

C. 水泵转速不够

D. 吸水管路或填料密封有气进入

3. 3L32WD 罗茨鼓风机第一个 3 表示（　　）。

A. 三叶型　　　B. 风机代号　　　C. 叶轮长度代号　　　D. 叶轮直径代号

4. 设备维护做到"三会"指（　　）。

A. 会使用、会保养、会原理　　　B. 会原理、会排除故障、会解决

C. 会保养、会原理、会排除故障　　D. 会排除故障、会使用、会保养

5. 转碟和转刷属于（　　）。

A. 机械曝气设备　　　　B. 底曝设备

C. 鼓风曝气设备　　　　D. 以上都不是

6. 为了使沉淀污泥与水分离，在沉淀池底部应设置（　　），迅速排出沉淀污泥。

A. 排泥设备　　　　B. 刮泥设备和排泥设备

C. 刮泥设备　　　　D. 排浮渣装置

7. 离心泵的主要零部件有哪些？

8. 泵启动前与启动后的检查操作有哪些？

9. 鼓风机的运行管理操作有哪些？

参考文献

[1] 马若霞，杨彬．农村生活污水的特点和主要处理技术 [J]．科技风，2019，(06)：106.

[2] 周达秀．城市生活污水回收再利用分析 [J]．科技风，2019，(06)：117.

[3] 都向明．人工湿地技术应用与农村生活污水处理 [J]．资源节约与环保，2019，(02)：46.

[4] 张栓，其其格，赵军，赵静，任彩菊．市政污水回用深度处理中双膜法的应用 [J]．住宅与房地产，2019，(03)：251.

[5] 黄惠琼．城市生活污水处理技术现状及发展趋势探讨 [J]．科技经济导刊，2018，26 (35)：100-101.

[6] 李慧颖，晏波，王文祥，刘莹．黑臭水体治理技术研究进展 [J]．环境保护与循环经济，2018，38 (10)：30-35.

[7] 张军，杜成玉，许文阁．城市居民小区生活污水处理回用模式探讨 [J]．山东水利，2018，(08)：11-13.

[8] 崔文科，赵哲军．废水深度处理及回用技术的应用 [J]．氮肥技术，2018，39 (02)：47-49.

[9] 杨忠敏．工业废水高级氧化处理技术综述 [J]．上海节能，2016，(11)：617-624.

[10] 吕后鲁，刘德启．工业废水处理技术综述 [J]．石油化工环境保护，2006，(04)：15-19＋67.

[11] 杨巍，水污染控制技术 [M]．北京：化学工业出版社，2012：78-90.

[12] 张宝军，水污染控制技术 [M]．北京：中国环境科学出版社，2007：110-134.

[13] 张景丽，顾平．污泥消毒技术的应用及进展 [J]．中国给水排水，2008，(02)：20-24.

[14] 王晓．活性污泥的稳定化处理技术及其发展 [J]．青海大学学报（自然科学版），2001，(01)：35-37.